有甜又有鹹！

名店主廚的鬆餅料理

旭屋出版編集部

瑞昇文化

Some Like it ~~Hot~~ Thick

最愛熱（厚）鬆餅。

鬆餅（pan cake）究竟是麵包（pão；葡萄語的麵包之意），還是蛋糕（cake）。

它不只是甜點，還是大家熟悉的餐點，所以又有衍生出鬆餅（pan cake）的「pan」，是指平底鍋的「pan」嗎這樣的疑問。鬆餅的特色是能輕鬆煎烤，也被稱為「griddle cake（美式鬆餅）」。在日本一般稱它為「hot cake（鬆餅）」。

可是，pan cake和hot cake原本有所不同。

日本的預拌粉公司以名稱來區分，他們將作為甜點的甜味鬆餅稱為「hot cake」，而適合當作餐點的不甜鬆餅稱為「pan cake」。在鬆餅的發祥地英國，據說鬆餅也可以製成不甜的口味；而美國是以製作甜味鬆餅為前提。另一個說法是，在英語圈鬆餅一般稱為「pan cake」，而「hot cake」是和式英語。不過，美國有些地區也稱它為hot cake，所以還有一個說法是以厚度來區別，與pan cake相比，有厚度的稱為hot cake。

總之，鬆餅可以說不管甜的、不甜的、厚的、薄的，還是剛烤好或變涼的，都受到大家的歡迎。鬆餅並非定義模糊，而是它不受定義的局限，廣受大家的喜愛。

這次本書中介紹的鬆餅，有的是各店菜單上沒有的品項，不過全書幾乎都是主廚們研發的獨創新作。多款簡單的鬆餅中，皆蘊藏著不朽的魅力，不論是裝飾豐富的鬆餅或豪華版鬆餅，只需看一眼就會被深深吸引。

水果蛋糕（Shortcake）般的甜點類鬆餅的王道，是膨軟的鬆餅組合水果和發泡鮮奶油。

而吐司三明治般的餐點類鬆餅的王道，是Q韌的鬆餅組合起司、火腿與燻鮭魚。

例舉的水果蛋糕和吐司三明治都是日本特有、日本人偏愛的味道，因此長期以來廣受歡迎。説起來也許有點牽強，不過從已被hot cake這個和式英語通稱逐漸取代的pan cake（鬆餅）上，能夠發現水果蛋糕和吐司共通的長銷魅力。

從這個觀點，再重新思考「鬆餅（pan cake）到底是麵包、還是蛋糕」，會有不同的答案。在日本，鬆餅是兼具（吐司）麵包及（水果）蛋糕魅力的食物，所以一直深受日本人喜愛。

因此，
鬆餅一直
深受喜愛。

有甜又有鹹！

名店主廚的鬆餅料理

contents

有甜又有鹹！

名店主廚的鬆餅料理

contents

書中登場主廚的店家介紹 & INDEX

- 書中刊載的鬆餅是專為本書所創作，除了一部分之外，其餘的各店一般並無供應。
- 各店的營業時間、例休日等商店資訊，是2015年4月當時的情形。
- 大匙＝15ml、小匙＝5ml、1杯＝200ml。
- 鮮奶油所標示的％指乳脂肪成分，巧克力標示的％為可可分量。
- 所有材料名稱、使用的用具及機器名稱，均以各店的稱呼為準。
- 加熱的時間和溫度等，為各店使用的機器的數值。

Oak Wood（橡木）

地　址　埼玉縣春日部市八丁目966-51
電　話　048-760-0357
營業時間　10時～19時
　咖啡11時～19時（L.O.18時30分）
例休日　週三（遇節日，休週四）、（週二・不定休）
http://www.oakwood.co.jp

本店是身兼業主的知名的橫田秀夫主廚所開設的西式甜點店＆咖啡館，提供講究食材，重視食材原有美味的人氣甜點。

Monter au plus haut du ciel（凌空向上）法式甜點店

地　址　兵庫縣神戶市中央區海岸通3-1-17
電　話　078-321-1048
營業時間　10時～19時
例休日　週二
http://www.montplus.com

該店的業主兼主廚林周平先生，擅長正統法式甜點。該店除提供外賣、咖啡、甜點教室外，還有甜點材料等的零售批發服務。

Es Koyama 法式甜點店

地　址　兵庫縣三田市ゆりのき台5-32-1
電　話　079-564-3192
營業時間　10時～18時（除了一部分門市外）
例休日　週三（遇節日營業，休週四）
http://www.es-koyama.com

該店的業主兼主廚小山進先生，在巴黎每年召開的巧克力競賽中，自2011年初參賽以來，連續4年獲得最優秀獎。該店自2003年開幕以來，不只有在地客，還有許多顧客從全國各地遠道光臨。

Joel 法式甜點店

地　址　大阪府大阪市中央區北浜4-3-1淀屋橋オドナ0102
電　話　06-6152-8780
營業時間　11時～21時
　週六・節日11時～20時
例休日　週日
http://www.joel.co.jp

業主兼主廚木山寬先生，具有在東京、法國的餐廳工作的經驗。同時他也關注日本人的喜好，開發出許多人氣商品，例如淀屋橋浮雪餅、御堂筋長崎蛋糕等。

Taverna I 義大利料理店

地　址　東京都文京區關口3-18-4
電　話　03-6912-0780
營業時間　平日午餐 11時30分～14時（L.O.）晚餐 17時30分～21時30分（L.O.）週六・週日・節日12時～21時30分（L.O.）
例休日　週二（遇節日營業、休週三）
http://www.taverna-i.com

該店使用產地直送的各地豐富季節食材，業主兼主廚今井壽先生的義大利料理深受好評。他建議顧客來「Taverna」輕鬆享受餐點。

有甜又有鹹！

名店主廚的鬆餅料理

contents

La Noboutique 法式甜點店

地　址 東京都板橋區常盤台2-6-2 池田ビル1F
電　話 03-5918-9454
營業時間 10時～20時
例休日 不定休
http://www.noboutique.net

曾在許多名店磨練廚技的高宣博主廚，於2010年10月開設本店。該店除了販售講究使用當季食材的冷藏類甜點外，透過預約還可訂購低糖甜點。

LA NOBOUTIQUE β 餐廳

地　址 東京都板橋區常盤台1-7-8 それいゆ常盤台106
電　話 03-6279-8003
營業時間 午餐 12時～15時（料理L.O.）下午茶 15時～17時30分 晚餐 17時30分～22時30分（L.O. 21時30分）
例休日 週三・第2個週二

LA NOBOUTIQUE β 法式甜點店於2014年開設的餐廳。由具有豐富經驗的酒卷浩二主廚主持，提供正統的法式料理和葡萄酒，以合理的價格就能輕鬆享受。

Les Cristallines Group 法式料理店

地　址 東京都港區南青山5-4-30 カサセレナ1F
電　話 03-5467-3322
營業時間 11時30分～14時（L.O.）18時～21時30分（L.O.）
例休日 無休
http://www.lcn-g.com

這是曾在巴黎、南法修業，業主兼主廚的田中彰伯先生所開設的第一家店。提供表現法式料理與光影的藝術料理。他還在澀谷開設「Concombre」、新宿開設「Cressonnière」等店。

Les Sens

地　址 神奈川縣橫濱市青葉區新石川2-13-18
電　話 045-903-0800
營業時間 午餐11時～14時30分 下午茶 14時30分～16時半 晚餐 17時30分～21時
例休日 月曜日
http://www.les-sens.com

南法米其林三星級餐廳出身、業主兼主廚的渡邊健善先生所開設的店，提供正統法式料理，能輕鬆享受小份套餐等各式料理。

Neues

地　址 東京都港區赤坂7-5-56 OAG-HAUS（德國文化會館）1F
電　話 03-3560-9860
營業時間 9時～23時（L.O.22時）
例休日 不定休
http://www.neues.jp

曾在維也納、德國南部等地名店修業的野澤孝彥主廚，開設這家以宣揚奧、德在地飲食文化魅力的咖啡館兼餐廳。擁有許多德國顧客。

Sun Fleur 水果茶館

地　址 東京都中野區鷺宮3-1-16
電　話 03-3337-0351
營業時間 7時～19時
例休日 週二
http://kudamono.a.la9.jp
http://fruitacademy.jp

這家水果茶館的業主兼主廚，是教授果雕藝術的「水果學院」的代表平野泰三先生。

maison de VERRE

地　址 愛知縣名古屋市千種區東山元町3-70 東山動植物園內
電　話 052-753-6503
營業時間 9時～16時50分
例休日 以園區為準
http://www.pokkacreate.co.jp/shops/detail/182

位於東山動植物公園內的池畔，整家店皆為玻璃帷幕。店名有「玻璃之家」的意思。

Cafē de CRIE DEN 天神站前福岡ビル1F

地　址 福岡縣福岡市中央區天神1-11-17福岡ビル1F
電　話 092-732-5820
營業時間 平日 8時～23時 週六・週日・節日 8時30分～23時
例休日 無休
http://www.pokkacreate.co.jp/shops/detail/170

著重高階顧客層，以「大人的小房間」、「書齋」的概念，開發出的新概念商店。

甜點類鬆餅

瑞可達起司鬆餅

麵糊中大量使用瑞可達起司和酸奶油，使鬆餅呈現輕盈、濕潤的口感與濃郁風味。店家費工特製的清新感藍莓醬，組合大量香堤鮮奶油，大幅提升鬆餅的魅力。配方中麵粉含量少，鬆餅具有絕佳的融口性，若用平底鍋煎烤，翻面時鬆餅易破損，建議倒入海綿蛋糕模型中以烤箱烘烤製作。可以一次多烤些冷凍保存。

鬆餅麵糊

[材料] 4人份

（直徑15cm的圓形模 5片份）

瑞可達起司…100g
酸奶油…50g
鮮奶…75g
蛋黃…50g
低筋麵粉…90g
泡打粉…0.4g
蛋白…100g
檸檬皮…0.3個份
白砂糖…30g
海藻糖（trehalose）…20g
無鹽奶油…20g

[作法]

1 低筋麵粉和泡打粉一起過篩備用。
2 混合瑞可達起司和酸奶油。
3 在打散的蛋黃中混入2。
4 在3中分3～4次加入鮮奶混合（a），加入1混合，充分混合至無粉粒的程度（b）。
5 在蛋白中加入磨碎的檸檬皮和海藻糖，打發。攪打至七分發泡後，一面加入白砂糖，一面攪打至八分發泡。
6 在4中加入5的蛋白霜，一面轉動鋼盆，一面用橡皮刮刀從底部向上翻拌（c）。
7 在海綿蛋糕的圓形模內側塗上無鹽奶油，在底部鋪紙。在紙上和模型的側面也塗上無鹽奶油（d），放入6的麵糊（1片份125g）。輕輕地抹平表面，用220℃的烤箱約烤8～10分鐘（e）。

a

b

c

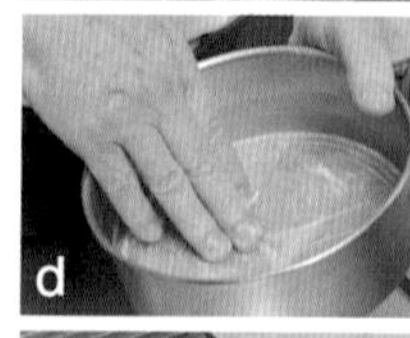
d

e

藍莓醬

[材料] 4人份

藍莓（冷凍整顆）…50g
水…25g
水飴…18g
白砂糖…43g
果膠…1.8g
白砂糖…5g
藍莓（鮮果）…75g
黑醋栗利口酒…5g

[作法]

1 在小鍋中放入水、水飴和白砂糖，加熱。煮熱後加入冷凍藍莓，用打蛋器一面打碎藍莓，一面從中火轉大火煮沸（f），熄火。
2 混合果膠和白砂糖，加入1中。再次加熱煮沸，轉小火加熱1、2分鐘，熄火。
3 在2中加入新鮮藍莓混合，再次加熱，加熱至80℃後熄火（g）。
4 在3中加入黑醋栗利口酒。倒入鋼盆中，鋼盆底部浸入冰塊中讓它急速冷卻（h）。

f

g

h

香堤鮮奶油

[材料] 4人份

鮮奶油（38%）…200g
白砂糖…10g

[作法]

在鮮奶油中加入白砂糖，打發。

完成

[材料]

鬆餅…1個
藍莓醬…60g
香堤鮮奶油…50g

[作法]

1 鬆餅烤好後脫模，將鬆餅切成四等份，盛盤。
2 淋上藍莓醬，佐配香堤鮮奶油。

融口性絕佳的鬆餅
與半生果醬十分對味！

巧克力香蕉鬆餅

巧克力和香蕉是相得益彰的經典美味組合。鬆餅麵糊中使用大量低筋麵粉，如傳統鬆餅風味般的麵糊，可以變化製作所有點心類鬆餅。選擇完熟、味甜的香蕉，配合鬆餅完成時間以奶油香煎。最後淋上熱的巧克力醬汁。

鬆餅麵糊

[材料]

（直徑15cm、5片份）

- 低筋麵粉…250g
- 小蘇打…2g
- 鹽…4g
- 全蛋…2個
- 香草精…5滴
- 鮮奶…250g
- 蜂蜜…30g
- 蛋白…70g
- 白砂糖…30g
- 海藻糖…10g
- 無鹽奶油…25g

[作法]

1 將低筋麵粉、小蘇打和鹽一起過篩備用。
2 混合全蛋、香草精、鮮奶和蜂蜜。
3 在蛋白中加入海藻糖，打發。攪打至七分發泡後，一面加入白砂糖，一面攪打至八分發泡。
4 在2中加入3的蛋白霜，剛開始是用打蛋器從底部向上翻拌混合（a-1・2）。
5 在平底鍋中放入無鹽奶油加熱，倒入4的麵糊以極小的火加熱。加蓋煎烤4～6分鐘（b）。上面未烤硬前儘量不開蓋。烤出漂亮的烤色後，將鬆餅翻面，再煎烤約2分鐘（c）。

巧克力醬汁

[材料] 5人份

- 巧克力（可可55%）…120g
- 鮮奶…50g
- 鮮奶油（38%）…40g
- 水飴…20g
- 無鹽奶油…20g

[作法]

1 在鍋裡放入鮮奶、鮮奶油和水飴煮沸。
2 切碎的巧克力中加入半量的1，充分混合（d-1・2）。
3 也加剩餘的1充分攪拌（e）。
4 加無鹽奶油充分混合。

香煎香蕉

[材料] 5人份

- 香蕉…5根
- 奶油…適量
- 白砂糖…適量

[作法]

1 香蕉切成1cm厚的圓片。
2 在平底鍋中薄撒入白砂糖，開火加熱。白砂糖融化噗滋冒泡後，加入奶油，晃動鍋子讓煮融的奶油布滿整個鍋子（f-1・2）。
3 奶油融化後迅速放入香蕉，為避免煎焦，一面晃動平底鍋，一面香煎。香蕉上色後翻面，同樣香煎（g-1・2）。

香堤鮮奶油

[材料] 4人份

- 鮮奶油（38%）…200g
- 白砂糖…10g

[作法]

在鮮奶油中加入白砂糖打發。

完成

[材料]

鬆餅…1片
巧克力醬汁…50g
香煎香蕉…1根份
杏仁片…適量
香堤鮮奶油…50g

[作法]

1 烤好的鬆餅切成四等份，盛盤。放上熱的香煎香蕉，淋上熱巧克力醬汁。
2 裝飾上烤過的杏仁片，佐配香堤鮮奶油。

優格鬆餅

佐配黑醋栗和莓果醬汁　香草冰淇淋

麵糊中加入優格煎烤，完成的鬆餅口感濕潤、風味清爽。混合新鮮黑醋栗、草莓、黑莓和木莓泥的醬汁，和加優格的鬆餅超級對味。撒在鬆餅上的甜菜糖的柔和甜味，更加突顯鬆餅和莓果醬汁的清爽風味。

鬆餅麵糊

[材料]

（直徑12cm的鬆餅　12片份）

- 低筋麵粉…160g
- 白砂糖…12g
- 甜菜糖…8g
- 泡打粉…12g
- 鹽…3g
- 全蛋…60g
- 鮮奶…200g
- 優格…100g
- 香草精…1滴
- 融化奶油（無鹽）…36g

[作法]

1. 低筋麵粉、白砂糖、甜菜糖、鹽和泡打粉一起過篩備用。
2. 蛋打散加入1中，在粉的中央混合，接著慢慢加入鮮奶，用打蛋器混合整體（a-1・2）。
3. 混合整體後加入優格混合，一面混合，一面加入香草精和融化奶油（b）。麵糊放入冷藏庫約鬆弛30分鐘。鬆弛過的麵糊煎烤時烤色較穩定。
4. 將鐵氟龍平底鍋加熱，轉小火，不加油倒入麵糊（c）。表面冒出氣泡後，翻面煎烤（d）。

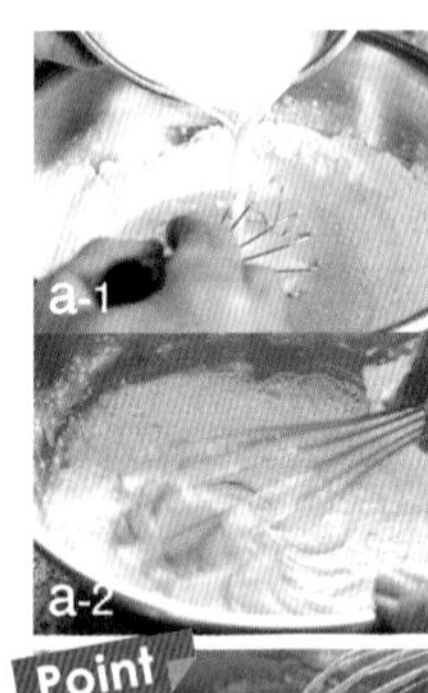

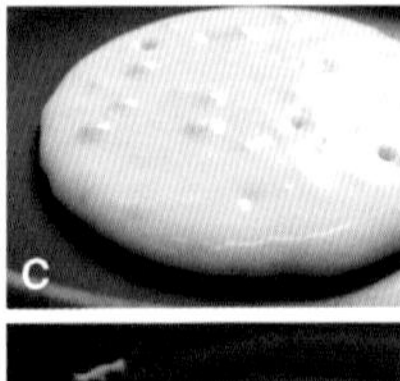

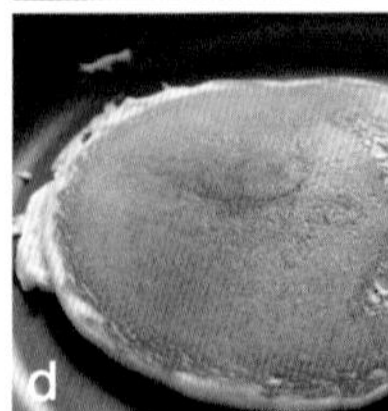

黑醋栗莓果醬汁

[材料] 12盤份

- 黑醋栗…50g
- 黑莓…50g
- 草莓…50g
- 紅醋栗…50g
- 木莓泥…50g
- 白砂糖…15g

[作法]

1. 木莓泥加熱煮沸後，加砂糖使其融化。
2. 加黑醋栗、黑莓、草莓、紅醋栗混合。
3. 趁水果還半生狀態時離火，倒入鋼盆中，鋼盆底部浸入冰塊中讓它急速冷卻。

完成

[材料]

- 鬆餅…2片
- 黑醋栗莓果醬汁…40g
- 香草冰淇淋…1球
- 糖粉…適量
- 甜菜糖…適量
- 薄荷葉…適量

[作法]

1. 鬆餅盛盤，上面撒上甜菜糖。
2. 加上香草冰淇淋，淋上黑醋栗莓果醬汁，裝飾上撒了糖粉的薄荷葉。

添加優格的鬆餅散發清爽風味

黑醋栗鬆餅

柳橙和葡萄柚風味　開心果醬汁

這個鬆餅的特色是口感超越「濕潤」已達「潮濕」的程度。黑醋栗整顆攪碎，保留碎外皮混入麵糊中，在獨特的口感中，還能明確嚐到黑醋栗的果實感。用2片黑醋栗鬆餅夾住柳橙及粉紅葡萄柚果肉後盛盤。混入開心果的英式蛋奶醬也是甜點的重點特色。

鬆餅麵糊

[材料]

（直徑7cm×1.5cm的中空圈模　10片份）

低筋麵粉…20g
奶油（無鹽）…20g
鮮奶…117g
酸奶油…50g
奶油起司…50g
生杏仁膏…67g
蛋黃…27g
白砂糖…20g
柳橙皮…1/3個份
玉米粉…10g
整顆黑醋栗…100g
蛋白霜
- 蛋白…100g
- 白砂糖…33g

[作法]

1 在鍋裡煮融奶油，融化後熄火，加低筋麵粉仔細混合。充分混合後轉小火，徹底混合到變濃稠有光澤為止（a）。
2 呈現光澤後，直接用小火煮，一面慢慢加入常溫鮮奶，一面混合（b），充分混合到變細滑為止（c）。
3 趁2尚熱，在鋼盆中加入酸奶油和奶油起司，用打蛋器混合至無粉粒為止（d）。
4 在回軟備用的生杏仁膏中，混入少量的3，用橡皮刮刀仔細混合。充分混合後，再加少量的3充分混合（e）。
5 混勻後，將4倒回3中，用打蛋器徹底混合後，加蛋黃、白砂糖和柳橙皮混合。接著加玉米粉用打蛋器混合。
6 用手持式攪拌機將整顆黑醋栗攪碎。攪碎到殘留外皮的程度即可（f-1）。將這個加入5中充分混合（f-2）。
7 製作蛋白霜。打發蛋白，蛋白整體打散後加入白砂糖，打發成柔軟的蛋白霜（g）。
8 將一部分的蛋白霜加入6中，用橡皮刮刀混合，接著加入剩餘的蛋白霜，為避免蛋白霜變碎從底部向上翻拌混合（h）。
9 在烤盤上鋪上烤焙紙，薄塗奶油（分量外）。放上中空圈模，中空圈模的內側也薄塗奶油，擠入8的麵糊（i）。用180～190℃的烤箱，一面觀察烤色，一面約烤10分鐘。

開心果醬汁

※英式蛋奶醬中，混入其分量10%的開心果醬。

完成

[材料]

鬆餅…2片
開心果醬…50g
柳橙果肉…2～3瓣
粉紅葡萄柚果肉…2～3瓣
開心果餅乾…適量
開心果醬汁…適量
糖粉…適量

[作法]

1 用刀插入中空圈模和烤好的鬆餅之間，取出鬆餅。
2 在盤中先放一片鬆餅，上面放上粉紅葡萄柚和柳橙，再疊放一片鬆餅。
3 整體撒上糖粉，上面裝飾上開心果餅乾，周圍淋上開心果醬汁。

加入整顆黑醋栗的新口感鬆餅

特製榛果牛奶鬆餅

鬆餅配方中高筋麵粉的分量，兼顧舒芙蕾般的融口性及良好口感之間的平衡。除了能享受榛果醬汁、焦糖香蕉和香堤泡沫的組合外，為了光吃鬆餅就能嚐到「令人上癮的美妙風味」，鬆餅烤好後塗上有鹽奶油和白砂糖。

鬆餅麵糊

[材料]

（直徑12cm的鬆餅　2片份）

- 蛋黃…10g
- 鮮奶…30g
- 香草精…1滴
- 低筋麵粉…16g
- 高筋麵粉…4g
- 白砂糖…10g
- 卡士達醬粉…5g
- 泡打粉…0.2g
- 蛋白霜
  - 蛋白…25g
  - 白砂糖…8g
- 融化奶油（有鹽）…適量

[作法]

1. 將低筋麵粉、高筋麵粉、白砂糖、卡士達醬粉和泡打粉一起過篩備用。
2. 用打蛋器充分混合蛋黃和鮮奶，加入香草精混合。
3. 在1中分3次混入2（a）。
4. 在蛋白中分數次加入白砂糖，打發成綿密的蛋白霜（b）。
5. 在4中分3次混入3（c）。
6. 將平底鍋加熱，抹上薄油（分量外），以小火加熱，倒入麵糊加蓋煎烤。呈現烤色後，翻面。
7. 烤好後從平底鍋中取出，趁熱塗上融化奶油，撒上白砂糖（分量外）（d-1・2）。

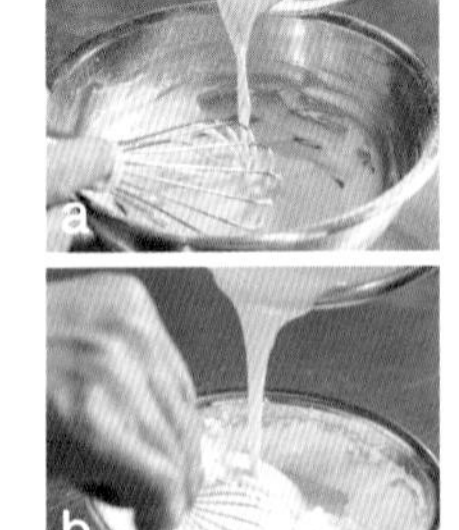

榛果醬汁

[材料] 便於製作的分量

- 鮮奶…60g
- 卡士達醬粉…1g
- 自製榛果醬…15g
- 鮮奶油（35%）…15g

[作法]

1. 用少量鮮奶調和卡士達醬粉後，加入剩餘的鮮奶，和鮮奶油一起放入鍋裡加熱（e）。煮沸讓它糊化。
2. 榛果醬中慢慢加入1混合，讓它乳化。全部混合後，浸泡冰水冷卻（f）。

焦糖香蕉

[材料] 1盤份

- 香蕉…1根
- 白砂糖…50g
- 鮮奶油（42%）…60g
- 奶油（有鹽）…4g

[作法]

1. 在鍋裡加熱白砂糖使其焦糖化（g）。
2. 熄火，慢慢加入煮沸的鮮奶油（h）。
3. 加入切成1cm厚的香蕉，以小火加熱讓香蕉確實裹上焦糖（i）。最後加奶油混合。

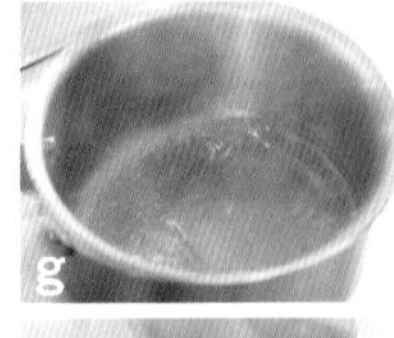

香堤泡沫

[材料]

- 鮮奶油（35%）…180g
- 鮮奶…60g
- 白砂糖…19g

[作法]

將材料放入發泡機中，填充氣體。

完成

[材料]

鬆餅…2片
榛果醬汁…30g
香堤泡沫…適量
焦糖香蕉…60g
榛果（烤過）…4顆
薄荷葉…適量

[作法]

1 鬆餅盛盤，擠上香堤泡沫。
2 淋上榛果醬汁，佐配香草冰淇淋。在鬆餅上裝飾上焦糖香蕉，撒上切半的榛果。最後裝飾上薄荷葉。

巧克力鬆餅

～佐配紅果實醬汁～

這是從麵糊中加入巧克力而非可可的想法所設計出的鬆餅。因麵糊的油脂含量高，製作要訣是麵粉充分攪拌使其產生筋性。盤裡塗抹巧克力醬汁，上面放上鬆餅蓋住。讓顧客食用時發現「附贈品」，還能帶來意外的驚喜。

Es Koyama法式甜點店 主廚 小山 進

鬆餅麵糊

[材料]
（直徑12cm的鬆餅 2片份）

低筋麵粉…18g
高筋麵粉…5g
可可粉…2g
卡士達醬粉…6g
泡打粉…0.2g
孟加里巧克力（Manjari）64%…13g
白砂糖…10g
鮮奶…30g
蛋黃…10g
蛋白霜
- 蛋白…25g
- 白砂糖…8g

[作法]

1 將低筋麵粉、高筋麵粉、卡士達醬粉、泡打粉和白砂糖過篩混合備用。
2 在融化的孟加里巧克力中，加入少量加熱過的鮮奶讓它乳化。
3 打散蛋黃，加入剩餘的鮮奶充分混合。
4 在1中慢慢加入3，重點是充分攪拌讓它產生筋性（a）。
5 接著加入可可粉充分混合後，分2次加入2中混合（b）。
6 製作蛋白霜。蛋白打發後加入半量的白砂糖，攪打至六分發泡後，再加入剩餘的白砂糖充分打發變硬挺。
7 在蛋白霜裡，加入半量的5用打蛋器混合（c-1）。混勻後倒回5的鋼盆中，用橡皮刮刀大幅度翻拌混合（c-2）。
8 平底鍋加熱，塗上薄油（分量外），以小火加熱倒入麵糊，加蓋煎烤（d），看見烤色後翻面。
9 烤好後從平底鍋中取出，趁熱塗上融化奶油，撒上白砂糖（分量外）（e）。

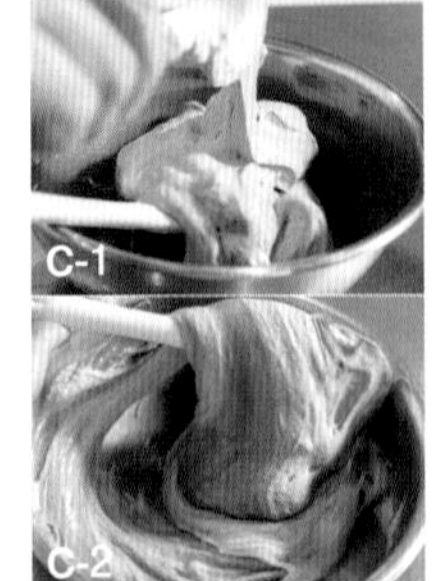

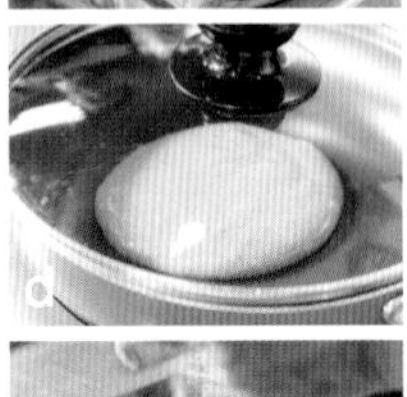

巧克力醬汁

[材料] 1盤中使用20g
孟加里巧克力（可可64%）…50g
鮮奶油（35%）…50g

[作法]
1 加熱孟加里巧克力讓它融化。
2 加熱鮮奶油，慢慢加入1中混合，讓它乳化。

白焦糖煮草莓

[材料] 便於製作的分量（1盤份）
草莓…40g
奶油（無鹽）…4g
白砂糖…8g

[作法]
1 將鍋子加熱煮融奶油，加入白砂糖（f）。
2 加入切成8等份的草莓，草莓煮軟後熄火，鋼盆底部浸入冰水中冷卻（g）。

4種莓果醬汁

[材料] 便於製作的分量
草莓…55g
黑醋栗…10g
醋栗…5g
覆盆子泥…30g
白砂糖…20g

[作法]
用電動攪拌器混合材料（h）。

品味巧克力，享受鬆餅美味

完成

[材料]

- 鬆餅…2片
- 巧克力醬汁…20g
- 香堤泡沫
  （作法見第20頁）…適量
- 白焦糖煮草莓…40g
- 4種莓果醬汁…40g
- 香草冰淇淋…1球
- 覆盆子…2顆
- 藍莓…4顆
- 薄荷葉…適量

[作法]

1 在盤中塗上巧克力醬汁（i），上面疊放鬆餅。
2 用發泡機擠上香堤泡沫，添加香草冰淇淋。
3 香草冰淇淋上淋上4種莓果醬汁，鬆餅上淋上白焦糖煮草莓。
4 散放上覆盆子和藍莓，裝飾上薄荷。

香蕉蘋果栗子鬆餅

這個鬆餅是木山主廚以電烤盤為自家孩子們製作的點心為基礎所設計，當他打開電烤盤蓋子時，總是歡聲雷動。使用中空圈模能煎烤出漂亮的外觀，上面放上栗子醬擀薄後冰凍變硬的栗子脆片做裝飾。焦糖化香蕉和蘋果與鬆餅融為一體，更添魅力。

鬆餅麵糊

[材料]

（若用直徑8cm的中空圈模是9個份的配方）

蛋黃…60g
鮮奶…80g
低筋麵粉…70g
香草精…0.5滴
蛋白…120g
白砂糖…75g

[作法]

1 在蛋黃中混入鮮奶後，加低筋麵粉充分混合，再加香草精。
2 打發蛋白。攪打至六分發泡後，一面慢慢加入白砂糖，一面打發，確實攪打至尖角能豎起的程度（a）。
3 在1中加入半量的2混合。混合到用打蛋器舀取麵糊，麵糊能從打蛋器間流下的程度（b）。混勻後，加入剩餘的2同樣地混合。

a

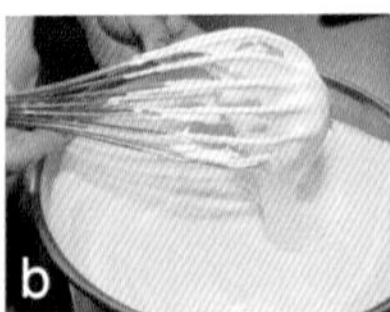
b

完成

[材料]

鬆餅麵糊
香蕉…1根
蘋果…1個
白砂糖…50g
蘋果白蘭地（Calvados）…適量
栗子脆片…1片

[作法]

1 介紹使用可加蓋的電烤盤，及20cm×高3cm的中空圈模來製作的作法。加熱電烤盤，撒上白砂糖。
2 白砂糖煮成焦糖狀後，加入切薄片的香蕉和蘋果拌炒（c）。蘋果出水後，撒入蘋果白蘭地。
3 煮到香蕉軟爛、蘋果還有口感後（d-1），套上中空圈模（d-2）。（若是深的電烤盤則不用中空圈模）
4 從香蕉和香煎蘋果上倒入麵糊，加蓋（e）。
5 麵糊膨起後，刺入竹籤，抽出後竹籤若沒沾黏麵糊，用刀插入中空圈模和麵糊之間脫模（f）。
6 盛盤，上面放上栗子脆片。

c

d-1

d-2

e
f

濕潤的鬆餅與
栗子、焦糖的絕妙組合

圓頂鬆餅

全蛋式打發的特有蓬軟麵糊，製成這個具有能迅速融化口感特色的鬆餅。模型中不塗油，讓鬆餅貼在模型中放涼，藉此形成膨軟感。為了到最後一口都能享受膨軟的口感，不在鬆餅上淋醬汁，而採取在冰淇淋上放鬆餅的盛盤方式。

鬆餅麵糊

[材料]

（直徑12.5cm的半球形模型4～5個份）

全蛋（冷凍保鮮蛋）…252g

上白糖＊…70g

低筋麵粉…50g

鮮奶油（35%）…70g

[作法]

1 將全蛋和上白糖一起一面隔水加熱，一面用打蛋器混合。接著用攪拌機以高速攪打，攪打至蛋糊泛白膨起後，慢慢加入低筋麵粉（a）。

2 在鋼盆中放入鮮奶油，加入少量1的麵糊充分混合。混勻後，倒回1的鋼盆中充分混合（b）。

3 在半球形模型中倒入2的麵糊。模型中不塗油，倒入麵糊至距離模型邊緣1cm處（c）。在烤盤上放置中空圈模，上面再放上半球形模型，以上火170℃、下火160℃的烤箱烘烤9分鐘（d-1）。

4 烘烤途中刺入竹籤，若竹籤沒沾黏麵糊表示已完成。從烤箱中取出，倒扣模型放涼（d-2）。

完成

[材料]

圓頂鬆餅…1個

水果冰淇淋…1球

糖粉…適量

[作法]

1 倒扣放涼的鬆餅從模型中取出。

2 盤中放上冰淇淋，上面放上圓頂鬆餅，從上稍微按壓，讓冰淇淋稍微壓入鬆餅中（e-1・2）。

3 從上面撒上糖粉。

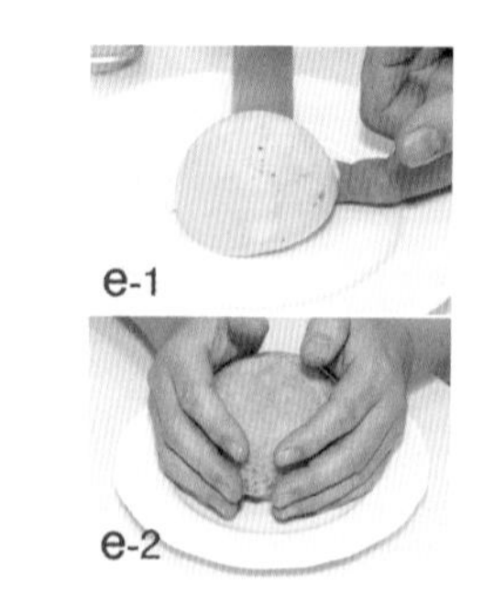

＊譯註：日本特有砂糖，比白砂糖細，純度高，晶粒小。

口感宛如綿花糖般人口即化

巧克力鬆餅

佐配柳橙鳳梨香蕉醬汁　巧克力冰淇淋

鬆餅沾裹以本身熱度融化的巧克力薄片，或和上面慢慢融化的巧克力冰淇淋混合，還是混入鳳梨和柳橙醬汁中。「混合」形成味道上的變化，也是這道甜點的醍醐味所在。考慮要和鬆餅麵糊及鮮果感醬汁合味，搭配只用鮮奶製作的冰淇淋。

鬆餅麵糊

[材料]
（直徑9cm高20mm的中空圈模5個份）

低筋麵粉…140g
泡打粉…10g
甜巧克力…50g
全蛋…130g
上白糖…12g
鮮奶油（35%）…20g
太白油＊…適量

[作法]

1 低筋麵粉和甜巧克力用食物調理機混合，混合到殘留巧克力碎粒即可（a）。
2 打發蛋，一面慢慢加入上白糖，一面徹底打發（b）。
3 用攪拌器以中速一面攪打2，一面加入1混合（c）。
4 鮮奶油隔水加熱。將一部分的3加入已加熱的鮮奶油中混合（d）。混合後倒回3的鋼盆中混合。混合到用打蛋器從盆底舀取，麵糊會從打蛋器之間滑落的程度。最後改用橡皮刮刀，從盆底大幅度翻拌混合（e）。
5 中空圈模的內側嵌入烤焙紙，在烤盤上塗上薄太白油，放上中空圈模。倒入麵糊至中空圈模的八分滿高度。
6 表面冒泡後翻面煎烤（f）。

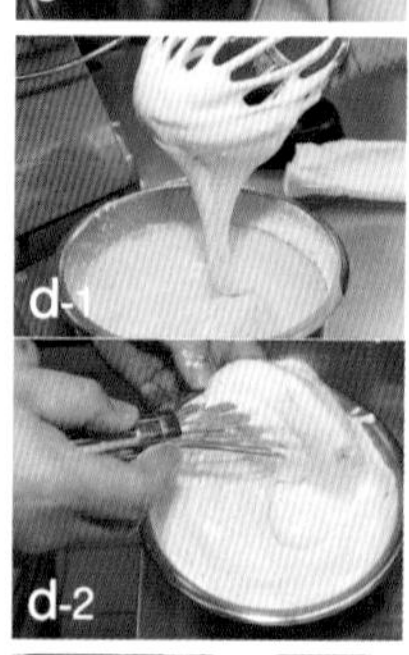

鮮橙鳳梨香蕉醬汁

[材料]

柳橙…1個
鳳梨…1/4個
香蕉…1根
白砂糖…100g
柳橙汁…150g
肉桂棒…1根
香草豆莢…3根
調水的玉米粉…適量

[作法]

1 柳橙去除外皮和薄皮，放入鋼盆中。在別的鋼盆中放入切圓片的香蕉和鳳梨果肉。
2 在鍋裡放入白砂糖、肉桂棒和香草豆莢加熱。
3 白砂糖煮成焦糖狀後，只加入柳橙汁（g）。開大火一面混合，一面加入柳橙汁後過濾（h）。
4 在鍋裡倒回3加熱，煮沸後慢慢加入調水的玉米粉勾芡（i）。
5 變濃稠後熄火，混入柳橙果肉、鳳梨和香蕉拌勻（j）。

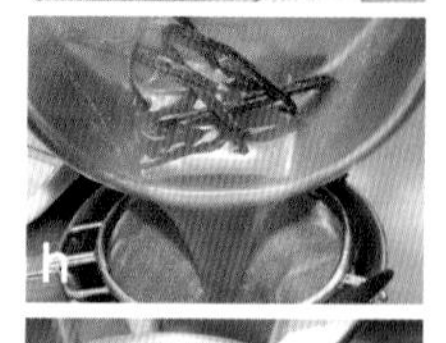

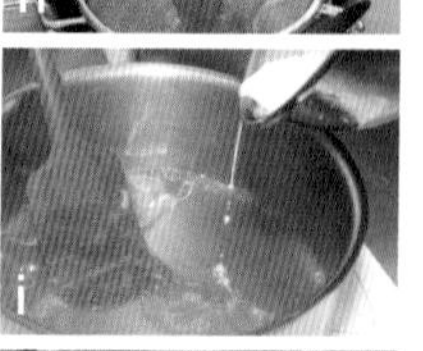

完成

[材料] 便於製作的分量

鬆餅…3片
柳橙鳳梨香蕉醬汁…適量
開心果、可可粉…適量
巧克力片…1片
巧克力冰淇淋…1匙

[作法]

1 將3片鬆餅重疊盛入盤中。
2 周圍淋上柳橙鳳梨香蕉醬汁，上面撒上切碎的開心果。
3 鬆餅上放上巧克力片，巧克力片融化後，上面再放上巧克力冰淇淋，最後撒上可可粉。

＊譯註：直接以生芝麻榨取，經過精製的芝麻油，因不經煎焙，油色呈透明無色。

享受越吃

越有味的樂趣

鬆餅佐紅酒煮櫻桃

配香草冰淇淋

櫻桃醬汁和冰淇淋的組合，是從「酒釀櫻桃冰淇淋」發想設計而成。以紅酒風味的櫻桃醬汁為主軸，組合低甜味的鬆餅，並以脆糖杏仁粒增加嚼感重點。為避免冰淇淋太快融化，鬆餅和冰淇淋之間還巧妙夾入香堤鮮奶油。

鬆餅麵糊

[材料]

（直徑10cm 約5片份）

A	低筋麵粉…180g	全蛋…50g
A	泡打粉…5g	鮮奶…150g
A	糖粉…20g	無糖優格…50g
A	海藻糖…20g	無鹽奶油…30g

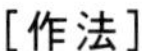

[作法]

1 將A一起過篩，放入鋼盆中混合均勻。

2 在別的鋼盆中放入打散的蛋和鮮奶混合，加入輕輕打散的優格混合（a）。

3 將1的粉類中央弄凹，在凹處一口氣倒入2。

4 用打蛋器從中央慢慢地混合粉類和水分（b）。一面用打蛋器隨時刮下黏在鋼盆邊緣的麵糊，一面以不攪拌的方式混合。

5 混合到無粉末，麵糊有光澤後即可（c），在此階段多少有些粉粒也無妨。

6 奶油隔水加熱（或用微波爐）煮融，溫度約降至50℃時加入5中。因奶油容易下沉，所以用打蛋器從下往上撈起般將麵糊混合均勻（d）。

7 最後用橡皮刮刀混拌變細滑為止（e）。鋼盆蓋上保鮮膜約鬆弛10分鐘，讓麵糊融合變成無細小粉粒。完成的麵糊，為避免泡打粉效力降低，最好在20～30分鐘之內煎烤好。

8 儘量準備厚一點的平底鍋，以小火慢慢的加熱。

9 加熱後，薄塗沙拉油（分量外）。在中央慢慢倒入麵糊（f），倒入麵糊瞬間若發出「嗤」的聲音即為適當的溫度。

10 不時稍微拿高平底鍋一面察看鬆餅烤色，一面以小～中火慢慢煎烤。

11 表面噗滋冒泡後翻面（g）。

12 同樣用小～中火煎烤反面。因周圍難煎透，可以不時用鍋鏟按壓（h）。烤到鬆餅反面也有烤色，產生某種程度的彈性後取出。

紅酒煮黑櫻桃

[材料] 4盤份

紅酒…100g
糖漬黑櫻桃罐頭…100g
香草棒…1/4根
白砂糖…30g
黑櫻桃（糖漬罐頭）…1罐（固形量261g）
櫻桃白蘭地、白蘭地…各10ml

[作法]

1 在鍋裡放入紅酒、糖漿、香莢中刮出的香草豆和豆莢，以小火熬煮到剩1/3的分量。

2 在1中放入白砂糖、瀝除糖漿的黑櫻桃煮2～3分鐘。

3 最後加入櫻桃白蘭地和白蘭地，煮到酒精成分揮發。

香堤鮮奶油

[材料] 5盤份

40%鮮奶油…200g　香草精…適量
白砂糖…12g　君度橙酒（Cointreau）…5ml

[作法]

1 在鋼盆中放入鮮奶油和白砂糖，攪打至八分發泡。

2 加入香草精和君度橙酒輕輕混合。

脆糖杏仁粒

[材料] 便於製作的分量

榛果…200g　水…50g
白砂糖…50g

[作法]

1 在鍋裡放入水和白砂糖煮沸至115℃。

2 將1離火，加入細細切碎的榛果用木匙混合。

3 將2攤放在烤盤上，用160℃的烤箱一面烤至上色，一面中途翻面2～3次。

散發紅酒香氣的成人風味鬆餅

完成

[材料] 1盤份

原味鬆餅（直徑8cm・10cm）…各1片
香堤鮮奶油…湯匙1匙（約40g）
香草冰淇淋…約25g
紅酒煮黑櫻桃…8～10顆
脆糖杏仁粒…適量

[作法]

1 在盤中疊放上大小鬆餅，上面用湯匙輕輕地放上香堤鮮奶油。
2 用湯匙一面舀取香草冰淇淋，一面修整成橢圓形放在1的上面。
3 左前方淋上紅酒煮黑櫻桃，香草冰淇上只淋上糖漿。上面再撒上脆糖杏仁粒。

La Noboutique 法式甜點店 主廚 日高宣博

巧克力鬆餅佐配柳橙焦糖醬汁

加上巧克力雪酪

這是以火焰可麗餅為範本設計的甜點。在原味和巧克力2種鬆餅上放上巧克力雪酪，隨著享用雪酪逐漸融化成為醬汁的一部分，一盤就能享受2種風味。柳橙醬汁以焦糖為基底，透過苦味、酸味與甜味的組合，展現華麗的風味。

鬆餅麵糊

※原味鬆餅的麵糊，和P.30的「鬆餅　佐紅酒煮櫻桃　配冰淇淋」相同

●巧克力鬆餅麵糊

[材料]（直徑10cm　約5片份）

A
- 低筋麵粉…210g
- 泡打粉…5g
- 可可粉…30g
- 糖粉…20g
- 海藻糖…20g
- 鹽…少量

全蛋…50g
水…100～150g
鮮奶…90g
無鹽奶油…30g

[作法]

1 將A一起過篩，放入鋼盆中混合均勻。
2 在別的鋼盆中放入打散的蛋汁、水和鮮奶混合，一口氣倒入1的粉類弄凹的中央。
3 用打蛋器從中央慢慢混合粉類和水分（a）。一面用打蛋器刮下黏在鋼盆邊緣的麵糊，一面以不攪拌的方式混合到泛出光澤為止。
4 奶油隔水加熱（或用微波爐）煮融，溫度約降至50℃時加入3中。用打蛋器如從下往上舀取麵糊般混合均勻（b）。
5 最後用橡皮刮刀混合變細滑為止（c），在鋼盆蓋上保鮮膜讓麵糊鬆弛10分鐘。
6 以小火慢慢加熱平底鍋，薄塗沙拉油（分量外）。用湯勺舀取麵糊，從中央倒入成為圓形。
7 不時稍微拿高平底鍋一面察看鬆餅烤色，一面以小～中火慢慢煎烤。表面噗滋冒泡後翻面，以小～中火同樣煎烤反面（d）。

柳橙焦糖醬汁

[材料] 5盤份

白砂糖…100g
柳橙汁（濃縮還原）…200g
柳橙…25片
無鹽奶油…30g

[作法]

1 在鍋裡放入白砂糖以小火加熱，約融化半量後，用木匙混合。加水會突顯苦味，所以不加。
2 白砂糖煮到上色，煮沸後熄火（e）。
3 柳橙汁約分3次加入（f）。加入第一次後開火加熱，煮沸後加入第二次，煮成焦糖狀。
4 最後煮沸一下後，加入切成梳形、去薄皮的柳橙（g），稍微加熱後熄火。注意柳橙別煮爛，至此備用盛盤。
5 根據點單加熱，先將柳橙盛盤。剩餘的糖漿熬煮到剩2/3量，離火，加奶油讓它融化（h）。

完成

[材料] 1盤份

原味鬆餅（直徑8cm）…2片
巧克力鬆餅（直徑8cm）…1片
香堤鮮奶油（和P.30相同）…1湯匙（約40g）
巧克力雪酪…約25g
柳橙焦糖醬汁…柳橙5片＋醬汁2湯匙
紅石榴糖漿煮柳橙（※）…適量
脆糖杏仁粒（和P.30相同）…適量

[作法]

1 在容器中，依序稍微重疊放上原味鬆餅、巧克力鬆餅和原味鬆餅，柳橙焦糖醬汁的柳橙排在前面。
2 鬆餅上面用湯匙輕輕放上香堤鮮奶油。
3 用湯匙舀取巧克力雪酪整成橢圓形，放在2的上面。
4 在前面淋上熱柳橙焦糖醬汁（i）。
5 裝飾上紅石榴糖漿煮柳橙的果皮，撒上脆糖杏仁粒。

※「紅石榴糖漿煮柳橙」的作法
柳橙皮1個份，剔除白絲充分洗淨，切成寬1～2mm的柳橙絲，汆燙後瀝除水分。在鍋裡加水50g、白砂糖50g、紅石榴糖漿100g煮沸，加入柳橙皮煮沸一下，熄火直接放涼。

組合苦、酸、甜的

華麗滋味

鬆餅派

夾入大量卡士達醬的鬆餅，以派麵團包裹烘烤。英式蛋奶醬、巧克力醬汁、覆盆子醬汁3種不同的甜味醬汁，搭配新鮮莓果的酸味。酥鬆的外皮和輕軟的鬆餅呈現對比的口感。

鬆餅麵糊

[材料]（直徑8cm約10片份）

- 低筋麵粉…120g
- 上新粉…30g
- 白砂糖…45g
- 泡打粉…10g
- 全蛋…1個
- 鮮奶…90g
- 沙拉油…適量

[作法]

1. 低筋麵粉、上新粉、白砂糖和泡打粉一起過篩備用。
2. 在鋼盆中放入1、全蛋和鮮奶混合。
3. 在已加沙拉油的平底鍋中，倒入2的麵糊，以小火煎烤3分鐘。
4. 表面噗滋冒泡後翻面，約煎烤2分鐘。

卡士達醬

[材料] 便於製作的分量

- 蛋黃…7個
- 白砂糖…300g
- 高筋麵粉…80g
- 鮮奶…1000ml
- 香草棒…1根

[作法]

1. 在鋼盆中放入蛋黃、白砂糖和高筋麵粉混合。
2. 在鍋裡放入鮮奶、香草棒加熱至人體體溫的程度。
3. 在1中一面慢慢加入2的鮮奶，一面混合。
4. 將3倒回鍋裡加熱，快煮沸前轉小火混合2～3分鐘。
5. 稍微變涼後，放入冷藏庫中冰涼。

巧克力醬汁

[材料] 便於製作的分量

- 鮮奶…1ℓ
- 巧克力（調溫巧克力、甜巧克力）…100g
- 白砂糖…320g
- 阿拉伯膠糖漿（gum syrup）…240g
- 可可粉…400g

[作法]

1. 在鍋裡放入鮮奶、巧克力、白砂糖和阿拉伯膠糖漿加熱。
2. 巧克力融化後混合可可粉，用網篩過濾。
3. 稍微變涼後，放入冷藏庫中冰涼。

覆盆子醬汁

[材料] 便於製作的分量

- 覆盆子泥…1000ml
- 白砂糖…300g
- 水…600g
- 玉米粉…適量

[作法]

1. 在鍋裡放入覆盆子泥、白砂糖和水煮沸，放入玉米粉增加濃稠度。
2. 稍微變涼後，放入冷藏庫中冰涼。

香堤鮮奶油

[材料] 便於製作的分量

- 鮮奶油…100g
- 白砂糖…15g

[作法]

在鮮奶油中加入白砂糖打發。

用派皮包覆鬆餅 佐三種醬汁

完成

[材料]

鬆餅（直徑8cm）…2片
派麵團　直徑16cm…1片
　　　　直徑8cm…1片
　　　　（厚度均為2mm）
卡士達醬…2～3大匙
蛋黃…適量
焦糖（絲狀）…適量
黑莓…適量
覆盆子…適量
草莓…適量
藍莓…適量
香堤鮮奶油…適量
英式蛋奶醬…適量
巧克力醬汁…適量
覆盆子醬汁…適量

[作法]

1 在煎好的鬆餅上放上卡士達醬（a），再蓋上另一片鬆餅夾住。
2 在直徑16cm的派麵團中央放上1（b），上面再放上直徑8cm的派麵團，邊緣塗上打散的蛋黃（c）。下面的派麵團也同樣塗蛋液，在距邊緣1.5～2cm的內側都塗上蛋黃液。
3 拿起下面的派麵團，如黏貼上面的派麵團般包住鬆餅（d）。
4 在派麵團表面塗上蛋黃液，放入210℃的烤箱烤12分鐘。
5 盛入容器中，上面鬆鬆地放上絲狀焦糖。在別的盤裡盛入黑莓、覆盆子、草莓和藍莓。另外一個盤裡盛入香堤鮮奶油。英式蛋奶醬、巧克力醬汁、覆盆子醬汁分別盛入不同的容器中一起提供。

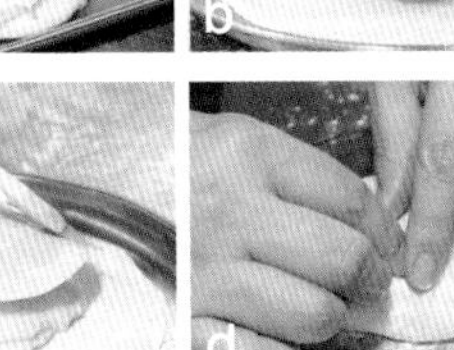
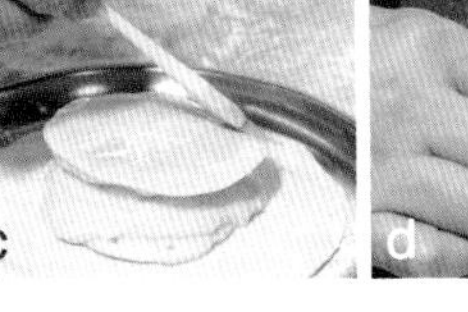

鬆餅巴巴

布里歐蛋糕浸漬蘭姆酒糖漿製作的「巴巴蛋糕」，在這裡改以鬆餅來製作。讓鬆餅中心都浸透蘭姆酒糖漿，以產生濕潤的口感。新鮮紅醋栗具有的酸味，與蘭姆酒的芳醇香味非常對味。另外隨附蘭姆酒，視個人喜歡的風味搭配享用。

鬆餅麵糊

鬆餅麵糊→和P.89同樣
※以直徑8cm的中空圈模煎烤

香堤鮮奶油

[材料] 便於製作的分量
鮮奶油…100g
白砂糖…15g

[作法]
在鮮奶油中加入白砂糖打發。

完成

[材料] 1人份
鬆餅（直徑8cm）…2片
糖漿
- 水…100g
- 白砂糖…60g
- 蘭姆酒…20g

香堤鮮奶油…適量
紅醋栗…適量
蘭姆酒…適量

[作法]
1 製作糖漿。在鍋裡放入所有材料煮沸。
2 將煎好尚熱的鬆餅浸入熱的1中，用抹刀等工具按壓，讓鬆餅下沉裡面滲入糖漿（a）。
3 在容器中盛入鬆餅，上面放上香堤鮮奶油和紅醋栗，搭配蘭姆酒。

隨附蘭姆酒，
屬於成人的風味

Les Cristallines Group法式料理店 主廚 田中彰伯

諾曼地風味蘋果鬆餅

肉桂香煎蘋果和鬆餅一起煎烤完成。另外附上蘋果白蘭地、咖啡和方糖。可以將方糖浸漬蘋果白蘭地後加入咖啡中，享受「卡魯哇咖啡酒」，也可以在鬆餅上淋上蘋果白蘭地後享用。盤裡添加帶皮蘋果，也建議加上蘋果皮淡淡的澀味、蘋果白蘭地的風味或砂糖的甜味一起享用。

鬆餅麵糊

[材料]（直徑10cm的中空圈模 2個份）

P.93的鬆餅麵糊…3大匙

香煎蘋果

- 蘋果…約1個
- 奶油…適量
- 白砂糖…適量
- 肉桂粉…適量

[作法]

1 製作香煎蘋果。蘋果去皮切成1/8的梳形片。

2 在平底鍋中融化奶油，放入蘋果香煎。加白砂糖、肉桂粉混合整體，讓它稍微變涼。

3 在中空圈模內側塗上沙拉油。在平底鍋裡放上中空圈模，1片鬆餅上並排放3片香煎蘋果，從上倒入鬆餅麵糊後開火，以小火約煎烤3分鐘（a-1・2）。

4 表面噗滋冒泡後拿掉中空圈模，翻面約煎烤2分鐘（b）。

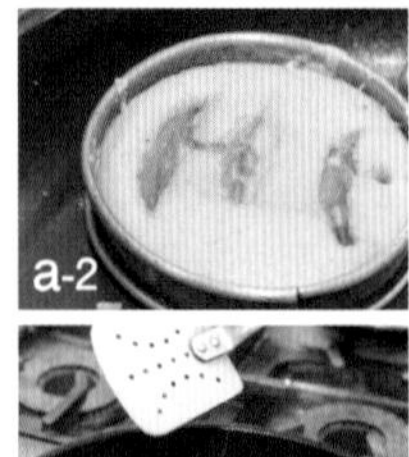

完成

[材料] 1人份

鬆餅…2片

香堤鮮奶油…適量

（作法參照P.36）

蘋果…3片

肉桂粉…適量

蘋果白蘭地（Calvados）…適量

方糖…適量

[作法]

1 盤中放入鬆餅，旁邊放香堤鮮奶油和切好的蘋果片，撒上肉桂粉。

2 另外隨附蘋果白蘭地和方糖。

能多方享受
蘋果白蘭地的點心

咖哩風味鬆餅和巧克力慕斯

這個甜點是加入少量咖哩粉、呈淡淡咖哩色調的鬆餅，配上濃厚的巧克力慕斯。一盤組合了入口即化的慕斯與甜脆焦糖兩種不同的口感。還使用香草和新鮮莓果作為裝飾，以展現華麗的外觀與美味。

鬆餅麵糊

[材料]（直徑8cm 2片份）
P.34的鬆餅麵糊…3大匙
咖哩粉…1小撮
沙拉油…適量

[作法]

1 在鬆餅麵糊中加入咖哩粉混合。
2 在中空圈模內側塗上沙拉油。在鋪了沙拉油的平底鍋中放上中空圈模，裡面倒入1的麵糊，以小火煎烤3分鐘。
3 表面噗滋冒泡後拿掉中空圈模，翻面再煎烤2分鐘。

巧克力慕斯

[材料]便於製作的分量
巧克力
（調溫巧克力、甜巧克力）…250g
白砂糖…200g
蛋白…500g
吉利丁片…12g
白蘭地…60g

[作法]
1 在鋼盆中放入巧克力，隔水加熱煮融。
2 在別的鋼盆中放入蛋白和白砂糖，製作蛋白霜。
3 吉利丁片泡水回軟，擠乾後用白蘭地融化。
4 在2中加入3的白蘭地混合，再和1的巧克力混合。
5 放入冷藏庫冷藏凝固4～5小時。

咖哩風味焦糖

[材料]便於製作的分量
白砂糖…200g
咖哩粉…2小撮

[作法]
1 在鍋裡放入白砂糖加熱，煮成焦糖後加入咖哩粉。
2 薄薄地倒到橡膠墊上冷藏凝固，凝固後切碎。

脆片

[材料]
奶油…30g
白砂糖…50g
蛋白…40g
低筋麵粉…30g

[作法]
1 在柔軟的乳脂狀奶油中，加白砂糖、蛋白和低筋麵粉混合。
2 在烤盤上鋪上烤焙紙，用毛刷薄塗上1，放入190℃的烤箱約烤8分鐘。

完成

[材料]
鬆餅…2片
英式蛋奶醬…適量
巧克力醬汁…適量（作法參照P.34）
巧克力慕斯…2湯匙
金箔…少量
可可粉…少量
脆片…1片
薄荷…適量
蒔蘿…適量
蒔蘿花…1支
覆盆子…適量
咖哩風味焦糖…適量

[作法]
1 在盤中倒入英式蛋奶醬和巧克力醬汁，上面放上1片鬆餅。放上1球巧克力慕斯，再放上另1片鬆餅，裝飾上金箔和可可粉。在鬆餅邊放上剩餘的巧克力慕斯，插上脆片。
2 裝飾上薄荷、蒔蘿、蒔蘿花和覆盆子，散放上切碎的咖哩風味焦糖。

甜味與咖哩風味的調和
×多樣化的口感

紅茶覆盆子鬆餅的水果三明治

濃郁芳香的紅茶作為重點風味，覆盆子的甜味與酸味，和餡料用的新鮮水果酸味完美調合。甜味清爽的鮮奶油，具有連結融合整體的作用。它雖然是樸素的水果三明治，卻呈現調色粉才有的鮮麗色澤與獨特風格。

鬆餅麵糊

[材料] 1人份

紅茶麵糊（直徑7cm 2片份）
- P.50的鬆餅麵糊…100g
- 紅茶粉…8g

覆盆子麵糊（直徑7cm 1片份）
- P.50的鬆餅麵糊…60g
- 覆盆子粉…6g

沙拉油…適量

[作法]

1 製作紅茶麵糊。在鬆餅麵糊中放入紅茶粉混合。

2 製作覆盆子麵糊。在鬆餅麵糊中放入覆盆子粉混合。

3 在中空圈模內側塗上沙拉油。在鋪了沙拉油的平底鍋中放上中空圈模，分別倒入麵糊加蓋，以小火煎烤6～7分鐘。

4 拿掉中空圈模，翻面再烤6～7分鐘。

完成

[材料] 1人份

紅茶鬆餅…2片
覆盆子鬆餅…1片
鮮奶油…200g
奇異果…30g
柳橙…30g
葡萄柚…30g
蘋果…30g
草莓…2個

[作法]

1 打發鮮奶油，混合去皮切小塊的奇異果、柳橙、葡萄柚、蘋果和草莓。

2 在1片紅茶鬆餅上面，塗上半量的2的鮮奶油，用覆盆子鬆餅夾住。上面再塗上剩餘的鮮奶油，再用另1片紅茶鬆餅夾成三明治。

3 縱切一半，盛入容器中。

宛如品味水果茶般的組合

舒芙蕾風味的瑞可達起司鬆餅

鬆餅麵糊中加入瑞可達起司，以及用發泡機打發的蛋白霜，鬆餅完成後呈現膨軟輕柔的口感。含泡打粉的鬆餅，與一般的舒芙蕾相比，特色是久放也不會扁塌。另外還搭配3種帶酸味的莓果，與柔和甜味的鮮奶冰淇淋。

鬆餅麵糊

[材料] 1人份
（直徑8cm　1片份）

低筋麵粉…70g
三溫糖…20g
玉米粉…6g
鹽…5g
泡打粉…4g
奶油…20g
鮮奶…60g
蛋黃…1個
蛋白…1個
瑞可達起司…120g

[作法]

1 低筋麵粉、三溫糖、玉米粉、鹽和泡打粉一起過篩備用。
2 在鋼盆中放入1、奶油、鮮奶、蛋黃和打發的蛋白混合。
3 蓋上保鮮膜，放在常溫中約鬆弛30分～1小時。
4 放入瑞可達起司混合，加入已用發泡機打發的蛋白霜，大幅度翻拌混合，以免氣泡破掉。
5 在迷你醬汁鍋內側塗上奶油和白砂糖（分量外），倒入4的麵糊，放入180℃的烤箱約烤12分鐘。

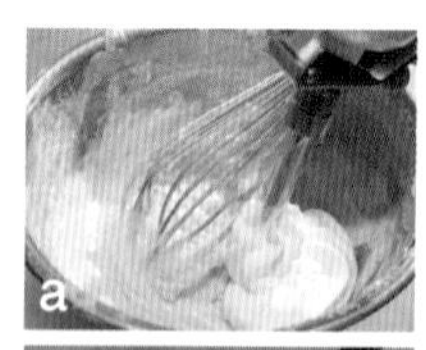
a

b

c

d

草莓醬汁

[材料] 1人份

草莓泥（市售品）…80g
砂糖…適量

[作法]

1 在鍋裡放入草莓泥和砂糖煮沸。根據草莓泥分量適當變化砂糖量。
2 稍微變涼後，放入冷藏庫中冰涼。

鮮奶冰淇淋

[材料] 30～40人份

鮮奶…1000ml
煉乳…100g
砂糖…120g

[作法]

1 在鍋裡放入鮮奶煮沸，加砂糖和煉乳混合。放入冷藏庫中冰涼。
2 放入冰淇淋機中製成冰淇淋。

完成

[材料] 1人份

鬆餅…1片
草莓…2個
藍莓…2個
小紅莓…2個
草莓醬汁…適量
糖粉…適量
鮮奶冰淇淋…適量

[作法]

1 在容器中盛入鬆餅，撒上糖粉。
2 草莓、藍莓和小紅莓用草莓醬汁調拌，盛入別的盤子裡一起提供。
3 附上盛在湯匙上的鮮奶冰淇淋。

e

直到最後都能享受膨軟的鬆餅

小鬆餅和水果百匯

這是以鬆餅作為百匯材料的杯子甜點。原味和巧克力鬆餅，分別以切模切成心形、星形和三葉草形，兼顧甜點外觀的可愛感。考慮甜味與酸味的平衡來選用水果。冷凍桃子、鮮奶冰淇淋的溫度變化，讓食用過程充滿樂趣。

鬆餅麵糊

P.50的鬆餅麵糊
P.50的巧克力鬆餅麵糊

完成

[材料] 1人份

- 鬆餅…1片
- 巧克力鬆餅…1片
- 鮮奶油…適量
- 鮮奶冰淇淋…20g（作法參照P.44）
- 桃子（冷凍）…1/4個
- 蘋果…1/8個
- 草莓…3個
- 奇異果…1/2個

[作法]

1. 鬆餅和巧克力鬆餅，以心形、三葉草形和星形模型切割。
2. 打發鮮奶油。
3. 在百匯杯裡放入桃子，均勻放入連皮切塊的蘋果、草莓、去皮切成一口大小的奇異果和1的鬆餅。
4. 過程中放入鮮奶油和鮮奶冰淇淋，再放上鬆餅。

喜愛百匯甜點或
鬆餅的人都會感到大大滿足

奶油醬和水果乾的鬆餅小蛋糕

用發泡機將奶油醬打發成極輕口感。鬆餅以烤箱烘烤，烤成膨軟的口感。放在鬆餅上一起煎烤的水果乾，透過加熱甜味與香味大幅增加。裝飾用的堅果類，也能加深香味與酥脆口感給人的印象。

鬆餅麵糊

[材料] 3人份
（直徑6cm 3片份）
- P.50的鬆餅麵糊…30g
- 水果乾（柿子、番茄、小紅莓、葡萄乾）…適量
- 沙拉油…適量

[作法]
1. 在模型內側塗上沙拉油。在鋪了沙拉油的平底鍋裡放入模型，裡面倒入至模型一半分量的鬆餅麵糊（a）。上面放上水果乾（b），加蓋以小火煎烤6～7分鐘。
2. 平底鍋一起放入180℃的烤箱中烤8分鐘。

奶油醬

[材料] 3人份
- 鮮奶油…150g
- 融化奶油…50g
- 砂糖…12g
- 優格…20g

[作法]
1. 在鋼盆中放入鮮奶油、砂糖和優格混合，一面加入融化奶油，一面再混合。
2. 將1放入發泡機中發泡。

完成

[材料] 1人份
- 鬆餅…3片
- 奶油醬…45g
- 杏仁…3顆
- 花生…3顆
- 腰果…3顆
- 糖粉…適量
- 可可粉…適量

[作法]
1. 在容器中用發泡機注入奶油醬（c），上面放上杏仁、花生和腰果（d）。
2. 蓋上鬆餅（e），1個鬆餅撒糖粉，剩餘的2個撒可可粉（f）。

和水果乾一起煎烤的膨軟鬆餅

2種鬆餅的巧克力起司鍋

用加入三溫糖甜味濃厚的原味麵糊，以及相同麵糊中混入可可粉的麵糊，煎烤出2種鬆餅，沾取巧克力醬食用。為方便沾取巧克力起司鍋的沾醬，鬆餅切成一口大小的菱形。含70%可可的濃厚巧克力起司鍋，和風味輕盈的鬆餅非常對味。

鬆餅麵糊

●鬆餅麵糊

[材料] 2人份
（直徑6cm　1片份）

高筋麵粉…60g
三溫糖…4g
玉米粉…3g
鹽…1g
泡打粉…5g
奶油…10g
鮮奶…200ml
全蛋…1個
沙拉油…適量

[作法]

1 高筋麵粉、三溫糖、玉米粉、鹽和泡打粉一起過篩備用。
2 在鋼盆中放入1、奶油、鮮奶和全蛋混合。
3 蓋上保鮮膜，放在常溫下鬆弛30分鐘～1小時。
4 在中空圈模內側塗上沙拉油。在鋪了沙拉油的平底鍋裡放上中空圈模，裡面倒入3的麵糊後加蓋，以小火煎烤6～7分鐘。
5 拿掉中空圈模，翻面再煎烤6～7分鐘。

●巧克力鬆餅麵糊

[材料] 2人份
（直徑6cm　1片份）

鬆餅麵糊…100g
可可粉…10g
沙拉油…適量

[作法]

1 在鬆餅麵糊中加入可可粉混合。
2 在中空圈模內側塗上沙拉油。在鋪了沙拉油的平底鍋中放上中空圈模，裡面倒入1的麵糊後加蓋，以小火煎烤6～7分鐘。
3 拿掉中空圈模，翻面再煎烤6～7分鐘。

起司鍋沾醬

[材料] 2人份

可可粉…20g
巧克力（可可70%）…70g
水…350ml
奶油…10g

[作法]

1 在鍋裡放入可可粉、切碎的巧克力和水煮沸。
2 慢慢加入少量奶油增加濃度。

完成

[材料] 1人份

鬆餅…1片
巧克力鬆餅…1片
草莓…5個
起司鍋沾醬…200g

[作法]

1 原味鬆餅和巧克力鬆餅都切成一口大小的菱形，和草莓一起盛入容器中。
2 在鍋裡放入起司鍋沾醬，以蠟燭加熱後提供。

以不同風味的鬆餅享受巧克力起司鍋

皇家煎餅（Kaiserschmarren）

這是發祥於奧地利的簡單鬆餅，因受皇帝（Kaiser）的喜愛而得此名。目前在奧地利、德國都很受歡迎。麵糊單面煎烤後，趁整體還沒變硬，用叉子等將鬆餅弄成為不規則的碎塊後煎熟。富彈性、膨軟的口感值得品味。另外還會隨附蘋果、櫻桃和洋李等果醬。

鬆餅麵糊

[材料] 1盤份

蛋…2個
白砂糖（蛋黃用）…20g
白砂糖（蛋白用）…10g
鮮奶…65ml
低筋麵粉…65g
香草棒…少量
葡萄乾…適量
蘭姆酒…適量
奶油（無鹽）…適量

[作法]

1 將蛋的蛋白和蛋黃分開。
2 打發蛋白，製作蛋白霜。打發至尖端能豎立後，加入白砂糖（10g），再打發到尖端變得更硬挺（八分發泡）（a）。
3 在蛋黃中加入白砂糖（20g）、鮮奶和香草棒打散。加入低筋麵粉充分攪拌混勻。
4 在3中加入2，用打蛋器大幅度翻拌混合。混合到還殘留蛋白霜的膨鬆程度（b）。
5 在4中加入用蘭姆酒浸泡回軟的葡萄乾混合。
6 平底鍋確實加熱備用，放入奶油讓它融化。倒入5，以小火慢慢煎烤（c）。
7 6的鬆餅麵糊下面確實烤到上色後（d），用叉子戳碎整體，以小火拌炒，充分炒熟不殘留生麵糊，盛盤（e-1・2）。

完成

[材料] 1盤份

鬆餅
糖粉…適量
果醬…2種
香堤鮮奶油…適量

[作法]

在鬆餅上撒上糖粉，佐配香堤鮮奶油。提供時另外隨附2種果醬（f）。

麵糊戳碎煎烤，
澳地利的鬆餅

維也納歐姆蛋

這是口感輕盈的歐姆蛋形的鬆餅。麵糊一面使用大量奶油增加風味，一面以小火慢慢煎烤，保留少許生嫩感便對摺，利用餘溫繼續加熱。完成後鬆餅口感輕軟，裡面如加熱的卡士達醬般呈醬汁狀。最後撒上大量糖粉，佐配柑橘類水果增添清爽風味。

鬆餅麵糊

[材料] 1盤份

- 蛋…2個
- 白砂糖（蛋白用）…15g
- 白砂糖（蛋黃用）…15g
- 鮮奶油…30ml
- 香草棒…1根
- 低筋麵粉…20g
- 奶油（無鹽）…適量

[作法]

1 將蛋的蛋白和蛋黃分開。
2 打發蛋白，製作蛋白霜。打發至尖端能豎立後，加入白砂糖（15g），再打發到尖端變得更硬挺（八分發泡）（a）。
3 在蛋黃中加入白砂糖（15g）、鮮奶油和香草棒打散。加入低筋麵粉20g充分攪拌混勻（b）。
4 在3中加入2，用打蛋器大幅度翻拌混合。
5 平底鍋確實加熱備用，加入大量奶油讓它融化。倒入4，加蓋以小火慢慢煎烤（C-1・2）。
6 當5的麵糊下面烤至上色後（約10分鐘），摺半，盛入盤中。（d-1・2・3）。不要完全烤透，最好保留些生嫩感。

完成

[材料] 1人份

- 鬆餅
- 糖粉…適量
- 香堤鮮奶油…適量
- 柳橙…適量
- 開心果…適量

[作法]

鬆餅上撒上糖粉，佐配香堤鮮奶油和柳橙，再裝飾上開心果（e）。

歐姆蛋外形的
膨軟、濃稠鬆餅

荷蘭寶貝鬆餅

這是在美國深受大眾歡迎，以烤箱烘烤製作的鬆餅。混合麵糊時需充分混合產生黏性，烘烤時麵糊才會沿著容器邊緣向上膨起形成獨特的外觀。口感富彈性、風味樸素，最常見的吃法是趁熱淋上檸檬汁和砂糖。這裡提供的是放上卡士達醬和覆盆子的豪華風味。

鬆餅麵糊

[材料] 1人份

全蛋…2個
白砂糖…5g
鹽…少量
低筋麵粉…55g
鮮奶…80ml
奶油（無鹽）…適量

[作法]

1 在蛋中加入白砂糖和鹽打散。低筋麵粉用打蛋器充分混合，接著加入鮮奶，同樣用打蛋器充分混合（a）。
2 將平底鍋加熱，放入奶油讓它融化（b-1）。倒入1（b-2），以200℃的烤箱（大火）烤10分鐘（c-1），烤到中心稍微呈焦色的程度（c-2）。

完成

[材料] 1人份

鬆餅
檸檬汁…適量
卡士達醬…適量
覆盆子…適量
白砂糖…適量

[作法]

1 鬆餅從烤箱中取出，趁熱淋上檸檬汁，擠上卡士達醬（d）。
2 裝飾上冷凍覆盆子，用瓦斯噴槍將表面稍微烘烤（e）。表面再撒上白砂糖，用瓦斯噴槍將糖烤成焦糖狀（f）。

以烤箱烘烤，獨特的外觀也是鬆餅的妙趣

Sun Fleur鬆餅

在「Sun Fleur」茶館，這道鬆餅是列在平日菜單中提供。一盤能同時享用大量水果，屬於甜點類鬆餅。麵糊中加入鮮奶油，目的是讓鬆餅呈現細滑口感。除了水果以外，還會添加香草冰淇淋、蘋果和草莓果醬，口感和溫度的豐富變化，讓人百吃不厭。

鬆餅麵糊

[材料]
(直徑20cm 4片份)

低筋麵粉…180g
泡打粉…10g
鹽…1g
鮮奶…80g
白砂糖…20g
鮮奶油(36%)…160g
全蛋…2個
菜籽油…適量

[作法]

1 低筋麵粉、泡打粉和鹽一起過篩備用。
2 在鋼盆中放入1、鮮奶、白砂糖和鮮奶油，最後加入全蛋，混合到無粉粒為止(a)。
3 蓋上保鮮膜，在常溫下鬆弛1小時。
4 在平底鍋中倒入菜籽油加熱，倒入3的麵糊加蓋(b)，以小火約加熱3分鐘。麵糊邊緣變乾後，從鍋上鏟起後翻面。
5 不加蓋，約加熱2分鐘讓它乾燥。

a

b

蘋果和草莓果醬

[材料] 8人份

蘋果…50g
草莓…280g
砂糖…100g

[作法]

1 蘋果去皮，切薄片。
2 在鍋裡放入1、去除蒂頭的草莓和砂糖，以小火熬煮20分鐘。

完成

[材料] 1人份

鬆餅…1片
鮮奶油…適量
香草冰淇淋…適量
楓糖漿…適量
草莓…2個(切花…1個)
蘋果和草莓果醬…適量
香蕉…1/4根
柳橙…1瓣
葡萄柚…1瓣
粉紅葡萄柚…2瓣
哈蜜瓜…2瓣
哈蜜瓜(切花)…1個
奇異果…1/4個
不知火柑橘(譯註：Citrus unshiu × C. Sinensis，清見與中野椪柑雜交出的品種)…1瓣

[作法]

在鬆餅上面放上鮮奶油和香草冰淇淋，淋上楓糖漿，裝飾上切花草莓、蘋果和草莓果醬。在周圍佐配水果(c)。

c

突顯水果
加入鮮奶油的鬆餅

柑橘風味鬆餅

麵糊中加入撕碎的不知火柑橘的果肉，以增添風味和口感。加熱後不知火柑橘的甜味增加，完成後風味更棒。添加的水果是以4種柑橘類水果來呈現統一感。此外，焦糖醬汁有淡淡的苦味，能貼近柑橘類水果的味道，並以英式蛋奶醬來呈現甜味。

鬆餅麵糊

[材料] 4人份
（直徑20cm 1片份）
P.58的鬆餅麵糊…120g
不知火柑橘…2瓣
菜籽油…適量

[作法]
1 鬆餅麵糊中，加入去薄皮、用手撕碎的不知火柑橘混合（a）。
2 在平底鍋中放入菜籽油加熱，倒入1的麵糊加蓋（b），以小火約加熱5分鐘。表面噗滋冒泡後翻面（c），不加蓋加熱2分鐘（d）。

a

b

c

d

英式蛋奶醬

[材料] 約8人份
蛋黃…3個
砂糖…100g
鮮奶…250g

[作法]
1 在鍋裡放入蛋黃和砂糖混合。
2 加熱至人體體溫程度的鮮奶，慢慢地少量加入1中混合。
3 以小火加熱2的鍋子，攪拌混合直到變濃稠。
4 稍微變涼後，放入冷藏庫中冰涼。

完成

[材料] 1人份
鬆餅…1片
英式蛋奶醬…30g
焦糖醬汁…5g
粉紅葡萄柚…2瓣
柳橙…2瓣
不知火柑橘…2瓣
文旦…3瓣
木瓜（切花）…1個

[作法]
1 在盛入容器中的鬆餅周圍，倒入英式蛋奶醬和焦糖醬汁（e）。
2 鬆餅上放上水果類，中央裝飾上木瓜切花。

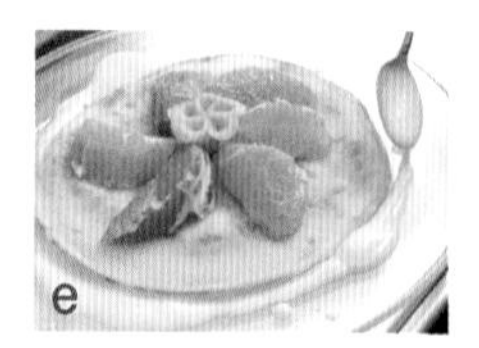
e

和鬆餅一起品味不知火柑橘的香味和果肉

熱帶風味鬆餅

鬆餅麵糊中還混入使用鳳梨莖附近最甜部分的果肉。麵糊煎烤之前才混入果肉，以免太早混入產生苦味，這點需注意。搭配的水果包括切大塊保留口感的木瓜，以及具濃厚鮮味的酪梨等。盤中還豪邁地盛入創意雕花的1/4塊鳳梨，是派對時也很討喜的甜點。

鬆餅麵糊

[材料] 3人份
（直徑26cm 1片份）
- P.58的鬆餅麵糊…150g
- 鳳梨…30g
- 菜籽油…適量

[作法]
1. 鬆餅麵糊中加入切碎的鳳梨混合（a-1・2）。
2. 在平底鍋中放入菜籽油加熱，倒入1的麵糊加蓋（b），以小火約加熱5分鐘。表面噗滋冒泡後翻面。翻面後不加蓋加熱2分鐘（c）。

完成

[材料] 1人份
- 鬆餅…1片
- 蜂蜜…適量
- 鳳梨…1/4個
- 酪梨…1/4個
- 木瓜…1/4個
- 木瓜（切花）…1個
- 芒果…1/6個
- 蘋果（切蝴蝶）…1片
- 鳳梨雪酪…50g

[作法]
1. 鬆餅切十字切痕，分成4等份。盛入容器中淋上蜂蜜（d）（e）。
2. 佐配水果類和鳳梨雪酪。

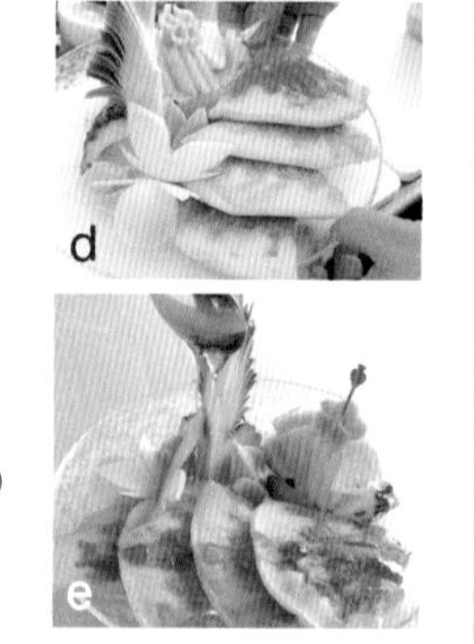

聰明活用鳳梨的甜味！

提拉米蘇鬆餅

這是在散發義式咖啡淡淡香味的鬆餅上，放上大量發泡鮮奶油的鬆餅甜點。模擬提拉米蘇的感覺，以風味糖漿和義式咖啡來增添香味。用發泡機製作的發泡鮮奶油，除了口感細滑、輕盈外，也比較不易軟塌。減少糖分且加入馬斯卡邦起司，是適合成人的風味。

鬆餅麵糊

「Café de CRIE DEN 天神站前福岡ビル1F」和「maison de VERRE」所使用的。

提拉米蘇風味鮮奶油

[材料] 1人份

馬斯卡邦起司…15g
鮮奶油（乳脂肪13%、植物性脂肪25%）…43g
特朗尼（Torani）提拉米蘇風味糖漿…7g

[作法]

1 馬斯卡邦起司中，加入「特朗尼　提拉米蘇風味糖漿」混合（a）。再加鮮奶油，混合到無粉粒為止（b）。
2 將1裝入發泡瓶裡，連容器搖晃15次（c）。增加搖晃次數，鮮奶油質地會更綿密。
3 用發泡機發泡。

完成

[材料]

鬆餅（直徑11cm）…2片
義式咖啡（「獨家義式咖啡」使用義式咖啡專用配方・烘焙過的咖啡豆。具有和鮮奶相當的醇厚風味）…適量
提拉米蘇風味鮮奶油…65g
可可粉…適量
布朗尼…3g
綠薄荷…1片

[作法]

1 加熱鬆餅，重疊2片。
2 涼的義式咖啡倒到鬆餅上讓它滲入其中。在表面一面慢慢少量倒入義式咖啡，一面讓它滲入整體，分量只是稍微滲入增加香味，勿至滲出的程度（d）。
3 在1的鬆餅上，放上提拉米蘇風味鮮奶油，刮平（e-1・2）。
4 在3上撒滿可可粉。在中央放上5mm大小的細碎布朗尼（f），在中央裝飾上薄荷。

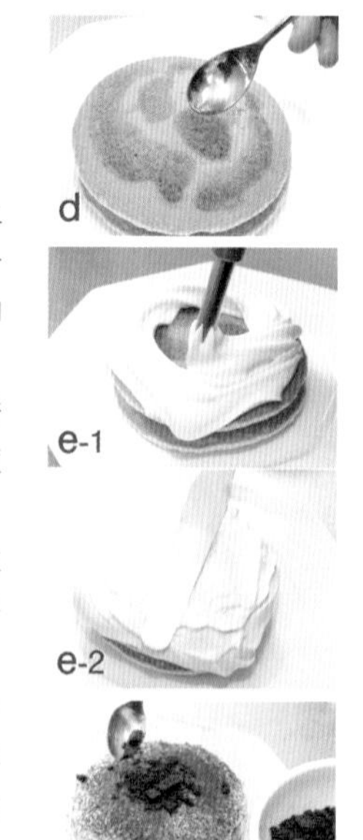

香味豐盈極輕口感的

提拉米蘇風味鮮奶油

綜合莓果鬆餅

有甜味的甜點類鬆餅，搭配味道酸甜的綜合莓果和草莓醬汁，還添加大量口感綿密的發泡鮮奶油。一盤使用有果實感的，以及草莓味濃厚、色澤鮮麗的兩種草莓醬汁，使甜點更富魅力。發泡鮮奶油是用以發泡機製作，口感輕盈、細滑的無糖口味。

鬆餅麵糊

「Café de CRIE DEN 天神站前福岡ビル1F」和「maison de VERRE」所使用的。

發泡鮮奶油

[材料] 1人份

鮮奶油（乳脂肪13%、植物性脂肪25%）…50g

[作法]

1 將鮮奶油裝入發泡瓶裡，連容器搖晃15次（c）。增加搖晃次數，鮮奶油質地會更綿密。
2 用發泡機發泡。

完成

[材料]

鬆餅（直徑11cm）…2片
發泡鮮奶油…50g
草莓醬汁（有果實感）…35g
冷凍綜合莓果…20g
草莓醬汁…10g
糖粉…適量
綠薄荷…適量

[作法]

1 加熱鬆餅，邊端稍微重疊般縱向排放2片。
2 在鬆餅右上方，高高地擠上發泡鮮奶油（a）。
3 在鬆餅和發泡鮮奶之間，如滴流般淋上草莓醬汁（有果實感）（b），草莓醬汁上面裝飾上冷凍綜合莓果。
4 鬆餅上面用草莓醬汁畫線（c）。
5 撒上糖粉（d），裝飾上薄荷葉。

融口性佳的鬆餅，

和半生水果醬汁超對味！

餐點類鬆餅

鬆餅的香味也令人著迷！

鮪魚培根鬆餅

這道鬆餅烘烤後的起司芳香，讓人也想用來搭配啤酒或葡萄酒。夾住鮪魚培根餡料的鬆餅，還適合作為輕食。麵糊配方中加入黑麥粉，且使用加入大蒜、迷迭香的自製香草油，烤好後香味豐盈。適合製作所有餐點類鬆餅的麵糊，也可以變化作為普羅旺斯燉菜的餡料等。

鬆餅麵糊

[材料]
（21cm的平底鍋8片份）
低筋麵粉…200g
中筋麵粉…50g
黑麥粉…25g
泡打粉…2g
鹽…5g
全蛋…2個
鮮奶…250g
細香蔥…25g
蛋白…70g
白砂糖…30g
海藻糖…15g
自製香草油※…適量
※自製香草油
在太白麻油中釋入辣椒、迷迭香和大蒜香味製成。

[作法]
1 粉類（低筋麵粉、中筋麵粉、黑麥粉）、泡打粉和鹽一起過篩備用。
2 全蛋充分打散後混合鮮奶，一次加入1中混合。接著混入切碎的細香蔥（a）。

3 在蛋白中加入海藻糖，打發。攪打至七分發泡後，一面加入白砂糖，一面攪打至八分發泡（b）。
4 在2中加入3的蛋白霜，大幅翻拌混合（c）。
5 平底鍋（21cm）以小火加熱後鋪入香草油，倒入麵糊120g。輕輕抹平，用極小火加熱，加蓋煎烤4～6分鐘。在上面未烤硬之前儘量不開蓋。將鬆餅翻面，約煎烤2分鐘（e）。

鮪魚沙拉

[材料] 8人份
鮪魚…240g
鯷魚…20g
洋蔥…60g
美乃滋…60g
黑胡椒…適量
培根…70g
青橄欖…40g

[作法]
1 鮪魚以廚房用紙巾徹底擦乾水分備用。鯷魚切碎。洋蔥切末，泡水備用。將鮪魚、鯷魚和洋蔥混合後，加美乃滋混合，以黑胡椒調味（f）。

2 香煎培根備用，青橄欖切片備用。

完成

[材料]
鬆餅…1片
鮪魚沙拉…45g
香煎培根…8g
青橄欖…5g
起司絲…適量
萵苣…適量
彩色甜椒…適量
調味汁（視個人喜好）…適量

[作法]
1 鬆餅切半，在一片表面放上鮪魚沙拉。上面適度排放上香煎培根和青橄欖，再用另一片鬆餅夾住。
2 切半，上面放上起司絲，以180℃的對流式烤箱烘烤7～8分鐘，盛入盤中。佐配切成好食用大小的萵苣等，淋上喜歡的調味汁。

在該店售有調配好的「甜點用鬆餅粉」及「早餐用鬆餅粉」。「甜點用」中有自製香草糖，「早餐用」的配方中有減少鹽分、以石臼磨製的黑麥粉。

以黑胡椒提味，
讓人充分飽足的組合

北義風味鬆餅

這個餐點使用散發粗粒麵粉和玉米粉風味，適合作為餐點的鬆餅製作。因麵糊厚重，製作訣竅是充分煎烤。放上加了開心果和背脂的豬肉製成的北義摩德代拉香腸及荷包蛋，最後用黑胡椒增添風味。建議當作飽餐用的餐點。

鬆餅麵糊

［材料］1人份

（直徑18cm 2片份）

- 高筋麵粉…80g
- 杜蘭粗粒麵粉（Durum Semoline）…30g
- 泡打粉…5g
- 玉米粉…30g
- 砂糖…35g
- 鹽…適量
- 全蛋…2個
- 鮮奶…80ml
- 葡萄籽油…適量

［作法］

1 高筋麵粉、杜蘭粗粒麵粉和泡打粉一起過篩備用。

2 在鋼盆中1放入玉米粉、砂糖和鹽混合。

3 放入鮮奶輕輕攪拌混合，放入打散的全蛋，用打蛋器充分混合到無粉粒為止。

4 蓋上保鮮膜，放在常溫下鬆弛10～15分鐘，讓麵糊糊化。

5 在平底鍋裡加熱葡萄籽油，倒入4的麵糊，用小火一面各煎烤3分鐘。

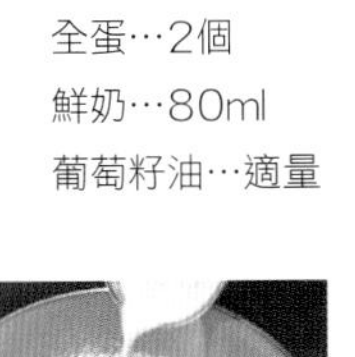

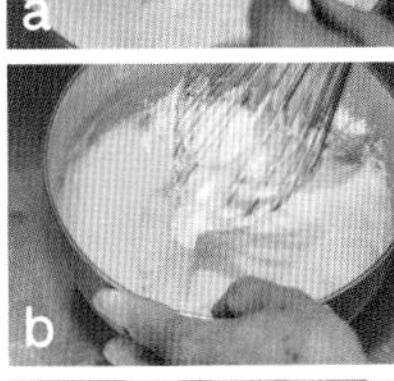

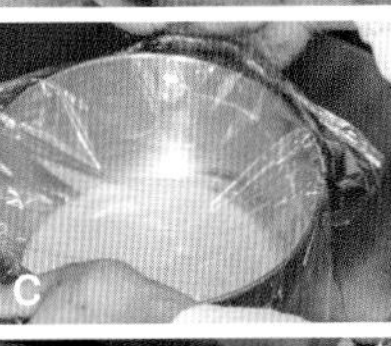

完成

［材料］1人份

- 鬆餅…2片
- 摩德代拉（mortadella）香腸…100g
- 全蛋…1個
- 義大利荷蘭芹…適量
- 橄欖油…適量
- 黑胡椒…適量

［作法］

1 在已加熱橄欖油的平底鍋中放入摩德代拉香腸，用大火一面各煎1分鐘，煎到上色為止。放在廚房用紙巾上吸除油脂（e）。

2 加熱1用過的平底鍋裡剩餘的油，打入全蛋，加蓋煎成半熟荷包蛋（f）。

3 在容器中盛入鬆餅，上面放上摩德代拉香腸和荷包蛋，裝飾上義大利荷蘭芹。淋上橄欖油，再撒上黑胡椒（g）。

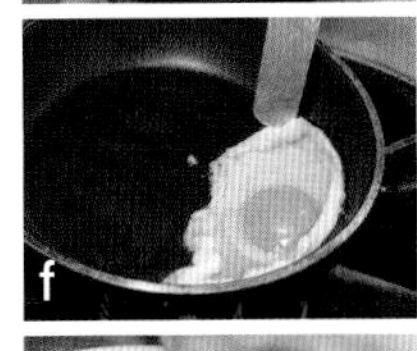

以檸檬油融合
鬆餅和燻鮭魚塔塔醬

瑞可達起司鬆餅

佐配燻鮭魚塔塔醬

這道是組合大量瑞可達起司和燻鮭魚塔塔醬的前菜風格鬆餅。麵糊中加入味道濃厚的瑞可達起司，及混入充分打發的蛋白霜，來表現柔軟、輕盈的口感。最後淋上大量檸檬油，還能嚐到口中瀰漫的檸檬風味。

鬆餅麵糊

[材料]3人份
（直徑18cm 3片份）

- 低筋麵粉…40g
- 瑞可達起司…100g
- 蛋黃…2個
- 泡打粉…5g
- 鮮奶…80ml
- 蛋白…2個
- 葡萄籽油…適量

[作法]

1. 在鋼盆中放入瑞可達起司和蛋黃，混合整體直到融合（a）。
2. 放入篩過的低筋麵粉和泡打粉，混合到無粉粒為止。
3. 一面分數次少量加入鮮奶，一面攪拌使其融合（b）。
4. 加入攪打至八分發泡的蛋白，從底部向上翻拌以免泡沫破滅（c・d）。
5. 在平底鍋裡加熱葡萄籽油，倒入4的麵糊，以小火將兩面分別煎烤2分鐘。

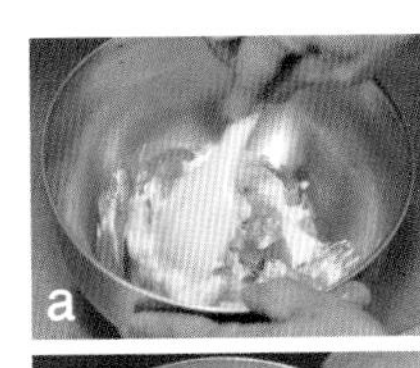
a

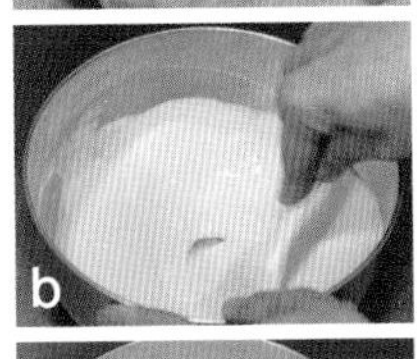
b

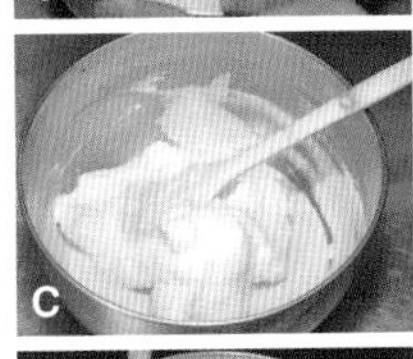
c

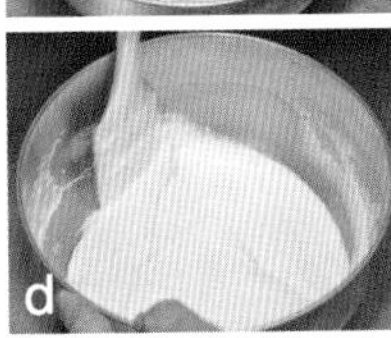
d

燻鮭魚塔塔醬

[材料]1人份

- 燻鮭魚…100g
- 比利時細香蔥…20g
- 鹽…適量
- 胡椒…適量
- 橄欖油…2大匙

[作法]

1. 在鋼盆中放入切末的燻鮭魚和比利時細香蔥，混合到產生黏性（e）。
2. 一面審視味道，一面用鹽和胡椒調味。
3. 加橄欖油再混合（f）。

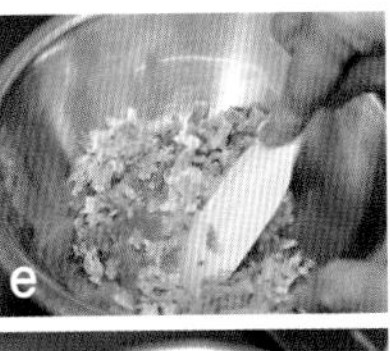
e

f

完成

[材料]1人份

- 鬆餅…1片
- 燻鮭魚塔塔醬…150g
- 瑞可達起司…適量
- 檸檬油…適量

[作法]

1. 在容器中盛入稍微變涼的鬆餅，上面裝飾上瑞可達起司。
2. 中央放上燻鮭魚塔塔醬，整體淋上檸檬油（g）。

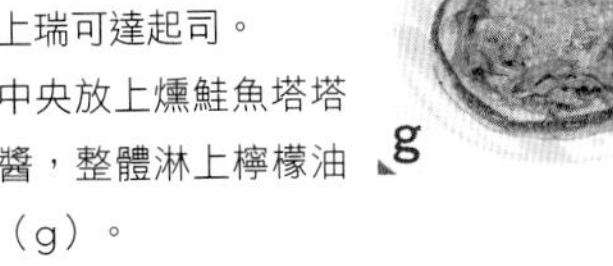

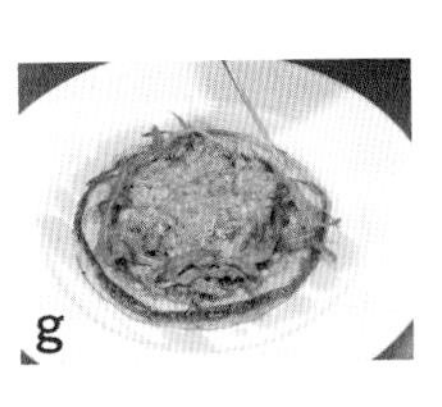
g

搭配適合古崗佐拉特色的鬆餅

蕎麥粉鬆餅
辣古崗佐拉起司醬汁

蕎麥粉為配方的鬆餅，和具有強烈風味的辣古崗佐拉起司等材料組合，產生相乘效果。因蕎麥粉中無麵筋成分，所以利用全蛋黏結的感覺來混合麵糊。烤杏仁的嚼感和香味也成為重點特色，讓這道餐點更適合搭配葡萄酒。

鬆餅麵糊

[材料] 4人份
（直徑18cm 4片份）
低筋麵粉…150g
蕎麥粉…50g
乾酵母…10g
砂糖…1小撮
鮮奶…250g
蛋黃…4個
蛋白…2個
融化奶油…25g
葡萄籽油…適量

[作法]
1 低筋麵粉和蕎麥粉一起過篩備用。
2 在鋼盆中放入1、乾酵母和砂糖，分3次加入加熱至人體體溫程度的鮮奶，攪拌混合至無粉粒為止（a）。
3 加入蛋黃和蛋白攪拌混合讓整體融合（b）。
4 加入融化奶油混合，蓋上保鮮膜放在溫暖的地方發酵30分鐘（c）。
5 攪拌混合一次以去除氣體。
6 在平底鍋裡加熱葡萄籽油，倒入5的麵糊，以小火一面各煎烤2分鐘（d）。

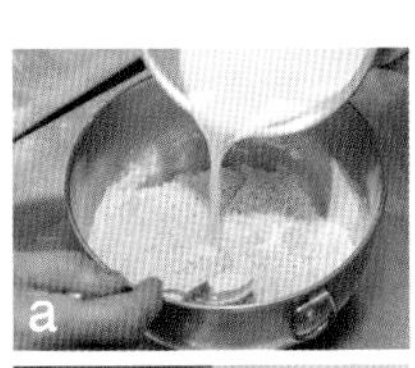
a

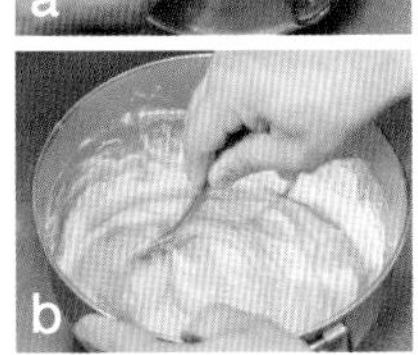
b

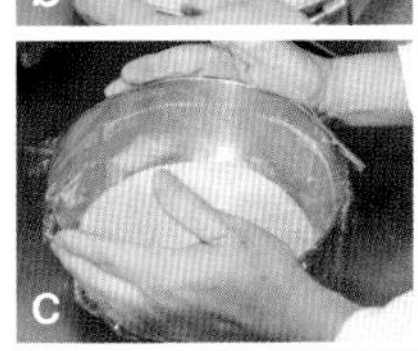
c

d

古崗佐拉醬汁

[材料] 1人份
辣味古崗佐拉（Gorgonzola）起司…50g
鮮奶油（35%）…20g

[作法]
在鍋裡放入辣味古崗佐拉起司和鮮奶油，以小火混合（e）。這時，辣味古崗佐拉起司可以未完全融化，還殘留小塊（f）。

e

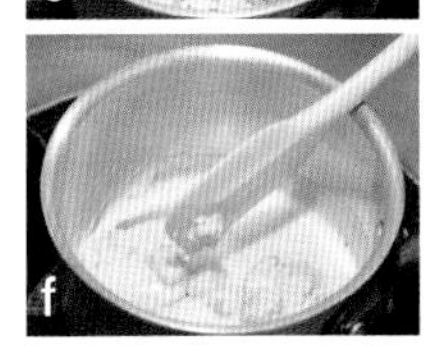
f

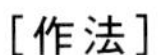

完成

[材料] 1人份
鬆餅…4片
古崗佐拉醬汁…70g
杏仁片…適量
起司粉…適量
義大利荷蘭芹…適量

[作法]
在容器中盛入鬆餅，淋上古崗佐拉醬汁（g）。從上面撒上起司粉、用烤箱烤到上色的杏仁片和義大利荷蘭芹（h）。

g

h

適合搭配白葡萄酒！

香煎干貝黑鯛鬆餅

這道是配上奶油香煎海鮮和菠菜，下酒菜風格的鬆餅。一邊喝著白葡萄酒，一邊慢慢吃著干貝、黑鯛等下酒菜，隨著菜料變少鬆餅接著登場，店家是以此感覺來組合餐點。加入苦艾酒的白葡萄酒醬汁乳脂般的口感，不但適合搭配海鮮，也適合搭配鬆餅。

鬆餅麵糊

和P.30「鬆餅 佐紅酒煮櫻桃配冰淇淋」相同

香煎干貝

[材料] 3盤份
- 海扇貝柱（小的）…12個
- 奶油…適量
- 橄欖油…適量
- 鹽、胡椒、低筋麵粉…各適量

[作法]
1. 海扇貝柱加鹽和胡椒，撒上低筋麵粉。
2. 在已加熱的平底鍋中，放入等量的奶油和橄欖油，再放入1將兩面適度煎過。

香煎黑鯛魚

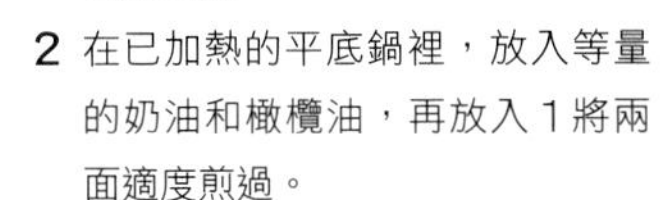

[材料] 2盤份
- 黑鯛（魚塊）…40g×4片
- 奶油…適量
- 橄欖油…適量
- 鹽、胡椒、低筋麵粉…各適量

[作法]
1. 黑鯛魚片加鹽和胡椒，撒上低筋麵粉。
2. 在已加熱的平底鍋裡，放入等量的奶油和橄欖油，再放入1將兩面適度煎過。

香煎培根

[材料]
- 培根（塊）…適量

[作法]
培根切成5mm厚的細條，用平底鍋拌炒。

白葡萄酒醬汁

[材料] 調味量
- 洋蔥…1個
- 奶油…30g
- 苦艾酒…50ml
- 白葡萄酒…300ml
- 42%鮮奶油…1000ml
- 鹽、白胡椒…各適量

[作法]
1. 洋蔥切薄片，用奶油拌炒。
2. 洋蔥炒軟後，加入苦艾酒和白葡萄酒，以小火熬煮到剩1/3量。
3. 在2中加鮮奶油再加熱，產生濃度後加鹽和白胡椒調味。
4. 用圓錐形網篩過濾3。

奶油炒菠菜

[材料]
- 菠菜…適量
- 奶油…適量
- 橄欖油…適量
- 鹽、胡椒…各適量

[作法]
1. 用熱水汆燙菠菜10秒，過冷水，擠乾水分切成約4cm長。
2. 在已加熱的平底鍋裡，放入等量的奶油和橄欖油拌炒1，加鹽和胡椒調味。

香煎菇類

[材料]
- 鴻禧菇、舞茸、杏鮑菇、香菇…各適量
- 奶油…適量
- 橄欖油…適量
- 鹽、胡椒…各適量

[作法]
1. 鴻禧菇和舞茸分成小株，杏鮑菇和香菇切成易食用的片狀。
2. 在已加熱的平底鍋中，放入等量的奶油和橄欖油，再放入1香煎，加鹽和胡椒調味。

完成

[材料] 1盤份
- 原味鬆餅（直徑10cm）…1片
- 奶油炒菠菜…35g
- 香煎黑鯛…2片
- 香煎干貝…4個
- 香煎香菇…適量
- 白葡萄酒醬汁…40ml
- 飾材：山蘿蔔、香煎培根、水煮白蘿蔔和胡蘿蔔…各適量

[作法]
1. 在容器中放上鬆餅，上面盛上奶油炒菠菜（a）。
2. 菠菜上排放香煎黑鯛，再放上香煎干貝。裝飾上香煎香菇（b）。
3. 從上再整體淋上加熱過的白葡萄酒醬汁（c），裝飾上飾材。

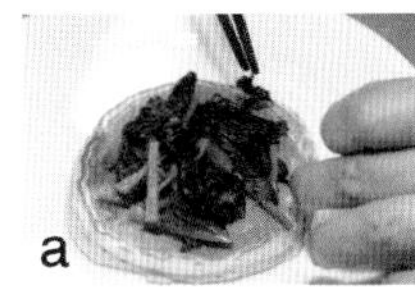

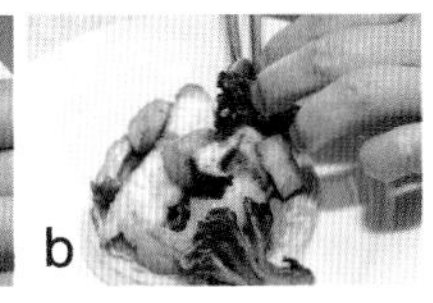

溫潤的醬汁
滲入鬆餅中

牛菲力肉和油菜花鬆餅

這道鬆餅盛入香煎牛菲力肉後，成為也能當作主菜的豪華餐點。溫潤的荷蘭醬汁，具有融合低糖鬆餅和牛菲力肉的作用。在食用過程中，鋪在下面的鬆餅會滲入肉汁和醬汁，但絲毫無損其美味。建議可以搭配紅酒，假日時作為早午餐。

鬆餅麵糊

和P.30「鬆餅 佐紅酒煮櫻桃 配冰淇淋」相同〔材料〕1盤份

香煎牛菲力肉

[材料] 1盤份
- 牛菲力肉…80g
- 鹽、胡椒…各適量
- 奶油…適量

[作法]
1 在牛菲力肉上撒上鹽和胡椒。
2 在已加熱的平底鍋裡煮融奶油，將1煎至五分熟。

香煎油菜花

[材料]
- 油菜花…適量
- 奶油…適量
- 橄欖油…適量
- 鹽、胡椒…各適量

[作法]
1 油菜花用熱水汆燙10秒，過冷水，擠乾水分切成約4cm長。
2 在已加熱的平底鍋中，放入等量的奶油和橄欖油香煎1，加鹽和胡椒調味。

荷蘭醬

[材料] 調味量
- 白葡萄酒醋…50ml
- 白葡萄酒…30ml
- 細香蔥（切末）…10g
- 白胡椒（整顆）…1g
- 龍蒿…1枝
- 水…30ml
- 蛋黃…40g
- 融化奶油…30g
- 鹽、白胡椒…各適量

[作法]
1 在鍋裡放入白葡萄酒醋、白葡萄酒、細香蔥、碾碎的白胡椒和龍蒿，以小火熬煮到水分收乾。
2 在1中加入水和蛋黃混合，一面隔水加熱，一面用打蛋器打發。
3 變濃稠後，一面慢慢加入融化奶油，一面混合增加濃度。
4 加鹽和胡椒調味，用圓錐形網篩過濾。

完成

[材料] 1盤份
- 原味鬆餅（直徑10cm）…1片
- 香煎油菜花…50g
- 香煎培根（和P.79相同）…6片
- 香煎香菇（和P.79相同）…適量
- 香煎牛菲力肉…80g
- 荷蘭醬汁…40g
- 水芹…適量

[作法]
1 在容器中盛入鬆餅，依序放上香煎油菜花和香煎培根。
2 再放上香煎香菇（a）。
3 香煎牛菲力肉切成一口大小，排放在2的上面（b）。
4 淋上熱的荷蘭醬（c），再裝飾上水芹。

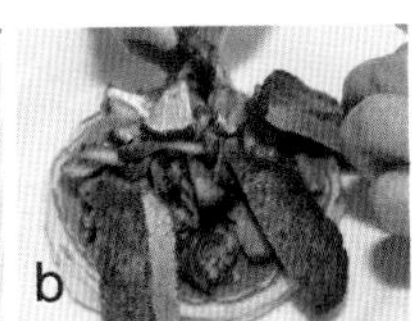

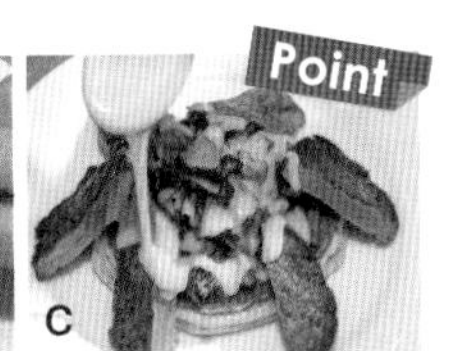

彈牙鬆餅中的顆顆玉米粒口感一級棒

玉米鬆餅

在使用上新粉，口感富彈性的鬆餅中，還加入口感爽脆的玉米粒。建議也可以撕碎鬆餅，沾取或浸泡玉米濃湯等來食用。因麵糊帶有淡淡的甜味，視個人喜好可添加巴西里末來增添風味。

鬆餅麵糊

[材料]
（直徑8cm 2片份）
P.34的鬆餅麵糊…3大匙
玉米粒罐頭…50g
沙拉油…適量

[作法]
1 在鬆餅麵糊中放入瀝除水分的玉米粒罐頭混合。
2 在鋪了沙拉油的平底鍋裡，倒入1的麵糊，以小火約煎3分鐘。
3 表面噗滋冒泡後，翻面約煎烤2分鐘。

玉米濃湯

[材料] 8人份
洋蔥…1個
奶油…適量
玉米粒罐頭…300g
玉米醬…300g
水…700g
鹽…適量

[作法]
1 在鍋裡放入奶油煮融，切片拌炒洋蔥。
2 洋蔥炒軟後，加入玉米粒罐頭、玉米醬、水和鹽煮沸。
3 用果汁機攪打後，用過濾器過濾。

完成

[材料] 1人份
鬆餅…2片
玉米濃湯…180g
鮮奶油…適量
萵苣…1片
食用花…2片
巴西里…適量

[作法]
1 在容器中放入已加熱的玉米濃湯，淋上鮮奶油。
2 盤中放入鬆餅、萵苣、食用花和切末的巴西里。

煎烤成淡色的鬆餅
和豬排融為一體

鬆餅&豬排

搭配豬排的麵包，在這個餐點中改用鬆餅。製作豬排的豬肩里肌肉和鬆餅，最好煎烤成相同的大小。醬汁是採取活用小牛肉高湯鮮味的白葡萄酒醬汁，以及香味怡人的巴西里油。增添巴西里香味的巴西里檸檬奶油，建議可作為改變風味的調味料。

鬆餅麵糊

鬆餅麵糊→和P.34同樣煎烤成直徑12～13cm。

白酒肉醬汁

[材料]
細香蔥…40g
白葡萄酒…100g
小牛肉高湯（Fond de Veau）…100g
奶油…30g
鹽…適量
胡椒…適量

[作法]
1 在鍋裡放入切末的細香蔥和白葡萄酒，拌炒到水分收乾。
2 加入小牛肉高湯，熬煮到剩1/2的量。
3 加奶油混合（a），加鹽和胡椒調味。

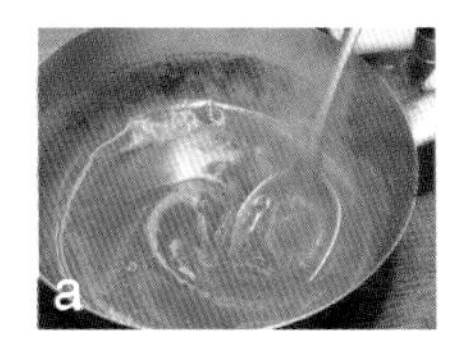
a

巴西里油

[材料]
巴西里…30g
沙拉油…100g
鹽…適量

[作法]
在果汁機中放入所有材料攪碎。

巴西里檸檬奶油

[材料]
巴西里…60g
奶油…450g
檸檬汁…20g
鹽…適量

[作法]
用食物調理機攪拌切末的巴西里、奶油、檸檬汁和鹽。

完成

[材料]
鬆餅（直徑12～13cm）…1片
豬排麵糊
- 全蛋…2個
- 乾麵包粉…50g
- 帕梅善起司…30g
- 巴西里…適量
- 鮮奶…150～200g

豬肩里肌肉…120g
鹽…適量
胡椒…適量
麵粉…適量
沙拉油…適量
巴西里油…適量
白酒肉醬汁…適量
檸檬…1/2個
義大利荷蘭芹…適量
帕梅善起司…適量
巴西里檸檬奶油　適量

[作法]
1 製作豬排麵糊。在鋼盆中混合全蛋、乾麵包粉、帕梅善起司和巴西里，一面慢慢加入鮮奶，一面調整硬度。
2 在切成圓形的豬肩里肌肉上撒上鹽和胡椒，沾上薄麵粉。
3 在2的表面沾上豬排麵糊，在加熱沙拉油的平底鍋中以中火煎烤4分鐘，翻面再煎3分鐘，移入烤箱約烤3分鐘。
4 在調味罐中倒入巴西里油，在盤中如畫線般畫個大圓。在圓的中央倒入白酒肉醬汁（b）。

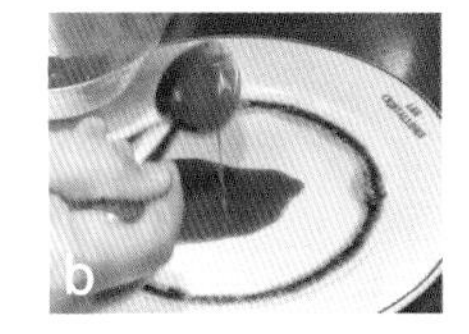
b

5 在中央放上3的豬排，上面放上鬆餅。
6 佐配檸檬和義大利荷蘭芹。磨碎的帕梅善起司和巴西里檸檬奶油，分別盛在別的盤裡一起提供。

以巴黎定番組合做裝飾

巴黎鬆餅

這是用烤火腿、蘑菇、葛瑞爾起司、美乃滋等製作的巴黎沙拉，和鬆餅一起盛盤的餐點。鬆餅容易吸收水分，所以美乃滋和鮮奶油混成的皇家美乃滋另外盤裝，以便在食用過程中能隨時調整風味。

鬆餅麵糊

[材料] 1～2人份
（直徑10cm 7片份）

- 低筋麵粉…50g
- 蕎麥粉…50g
- 白砂糖…30g
- 泡打粉…5g
- 全蛋…1個
- 鮮奶…80g
- 融化奶油…10g
- 沙拉油…適量

[作法]

1 低筋麵粉、蕎麥粉、白砂糖和泡打粉一起過篩備用。
2 在鋼盆中放入1、全蛋、鮮奶和融化奶油混合（a・b）。
3 在加熱沙拉油的平底鍋中，倒入2的麵糊，以小火煎烤3分鐘。
4 表面噗滋和冒泡後翻面，約煎烤2分鐘。

a

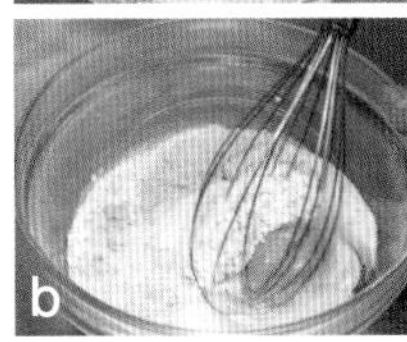
b

完成

[材料] 1人份
鬆餅（直徑10cm）1片

- 巴黎沙拉
  - 蘑菇…2個
  - 烤火腿…50g
  - 葛瑞爾（Gruyère）起司…50g
  - 美乃滋…2大匙
  - 巴西里…少量
  - 鹽…適量
  - 胡椒…適量
- 綜合蔬菜葉…適量
- 食用花…適量
- 皇家美乃滋
  - 美乃滋…3大匙
  - 鮮奶油…3大匙

[作法]

1 蘑菇切厚片，烤火腿和葛瑞爾起司切成長條片。
2 在鋼盆中放入1、美乃滋、切末的巴西里混合，用鹽和胡椒調味（c）。
3 在盛入容器的鬆餅上，放上2（d），上面裝飾上綜合蔬菜葉、食用花的花瓣。
4 另外佐配混合美乃滋和鮮奶油的皇家美乃滋（e）。

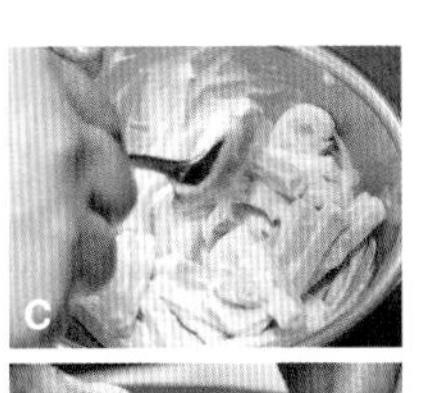
c

d

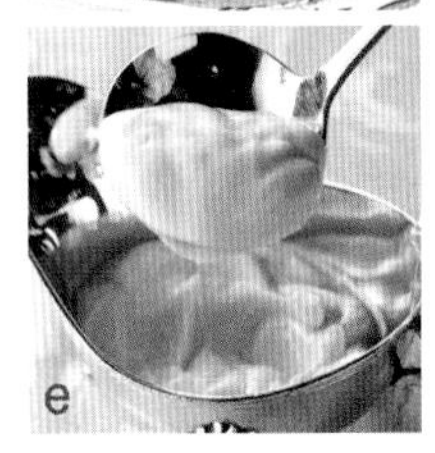
e

突顯牛肉漢堡排的鬆餅效果

鬆餅漢堡

這道餐點是以鬆餅取代漢堡的小圓麵包。一次能享受到Q韌的鬆餅，以及牛肉漢堡排、蔬菜、酪梨、鳳梨等多樣化風味。濃厚的醬汁和酸味美乃滋，也充分發揮融合多種食材風味的效果。因為鬆餅口感輕盈，所以完成的漢堡更能突顯菜料的美味。

鬆餅麵糊

鬆餅麵糊→和P.87同樣煎烤成直徑10cm。

醬汁

[材料] 1人份
- 炸豬排醬汁…3大匙
- 辣醬油（Worcestershire sauce）…1大匙
- 番茄醬…1大匙
- 鮮奶油…1大匙
- 白砂糖…1大匙

[作法]
在鋼盆中放入所有材料混合。

自製美乃滋

[材料] 10人份
- 蛋黃…1個份
- 黃芥末醬…3大匙
- 紅酒醋…1大匙
- 沙拉油…500ml
- 鹽…適量
- 胡椒…適量

[作法]
1. 將蛋黃、黃芥末醬和紅酒醋充分混合。
2. 一面混合，一面慢慢加入沙拉油。
3. 沙拉油完全混合後，加鹽和胡椒調味。

完成

[材料] 1人份
- 鬆餅…2片
- 漢堡排
  - 牛絞肉…160g
  - 鹽…適量
  - 胡椒…適量
- 萵苣…1片
- 番茄片…1片
- 醃黃瓜片…3片
- 鳳梨罐頭…1片
- 酪梨…1/4個
- 醬汁…適量
- 自製美乃滋…適量
- 食用花…3片

[作法]
1. 製作牛肉漢堡排。在鋼盆中放入牛絞肉、鹽和胡椒，混合到產生黏性為止。
2. 將1片80g塑成圓形，用已加熱沙拉油的平底鍋約煎烤2分鐘，翻面再煎烤2分鐘。
3. 在鬆餅上放上塗了醬汁的漢堡排，依序疊上萵苣、自製美乃滋、撒了鹽胡椒（各分量外）的番茄、醃黃瓜、鳳梨片、切片酪梨，和另一片塗了醬汁的漢堡排，用鬆餅製成三明治。
4. 在容器中盛入3，裝飾上食用花。

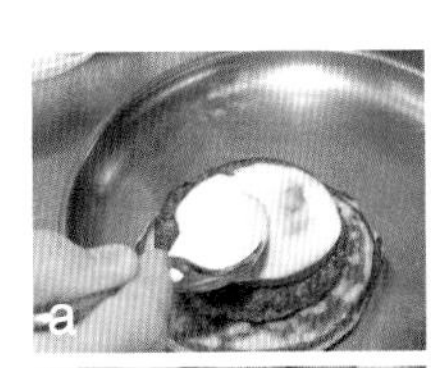

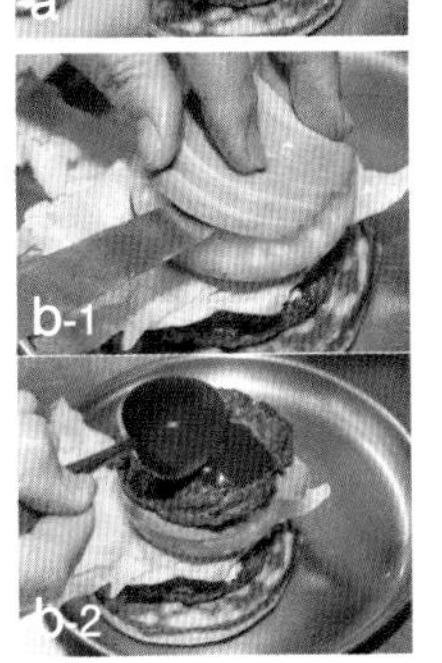

麵糊中混入香菜的傳統風味

泰式風味鬆餅

鬆餅和皮面煎香的雞肉、小黃瓜和香菜一起盛盤，佐配甜辣醬食用。這是參考在麵皮中包入餡料的北京烤鴨的吃法所開發出的餐點。鬆餅麵糊中混入切末的香菜，來增添香草風味，使餐點展現亞洲風情。

鬆餅麵糊

[材料] 1人份
（直徑15cm 3片份）
P.89的鬆餅麵糊…4大匙
香菜…2大匙
沙拉油…適量

[作法]
1 在鬆餅麵糊中放入切末的香菜混合。
2 在鋪了沙拉油的平底鍋裡倒入1的麵糊，以小火約煎烤3分鐘。
3 表面噗滋冒泡後翻面，再煎烤2分鐘。

完成

[材料] 1人份
鬆餅…3枚
雞胸肉…100g
鹽…適量
胡椒…適量
沙拉油…適量
小黃瓜…1/2條
櫻桃番茄…1又1/2個
檸檬…1/6個
香菜…適量
萵苣…適量
甜辣醬…適量

[作法]
1 在雞胸肉表面撒上鹽和胡椒，在已加熱沙拉油的平底鍋裡煎烤皮面。
2 皮面煎成焦黃色後，放入200℃的烤箱中約烤4分鐘，切塊。
3 在容器中盛入鬆餅、2的雞肉和切粗絲的小黃瓜、切半櫻桃番茄、切片檸檬、香菜和萵苣。隨附盛在別的容器中的甜辣醬汁。

和正統的香脆夫人三明治
採用相同的烹調步驟！

香脆夫人鬆餅

用一個平底鍋煎好鬆餅後，比照香脆夫人三明治製作荷包蛋等配料。用加入奶油風味的鬆餅，夾住火腿和葛瑞爾起司。荷包蛋是使用味道濃郁的紅蛋，蛋黃煎至半熟。建議在鬆餅淋上黏稠的蛋黃後再享用。

鬆餅麵糊

[材料]

（直徑12～13cm 約15片份）

- 低筋麵粉…250g
- 溫水…36g
- 乾酵母…4g
- 砂糖…1小撮
- 水…125g
- 鹽…7g
- 白砂糖…2g
- 蛋黃…3個
- 鮮奶…150g
- 蛋白…3個

[作法]

1 在溫水中放入乾酵母和砂糖，進行預備發酵20分鐘（a）。

2 在鋼盆中放入低筋麵粉100g、水和1混合，蓋上保鮮膜，趁熱進行一次發酵1小時。

3 在別的鋼盆中放入低筋麵粉150g、鹽、白砂糖、蛋黃和鮮奶混合。

4 將2和3混合（b）。加入打發的蛋白（c），為避免氣泡破碎，大幅度地翻拌混合（d）。

5 在已加熱沙拉油的平底鍋裡倒入4的麵糊，以小火約煎烤3分鐘。

6 表面噗滋冒泡後翻面，約煎烤2分鐘。

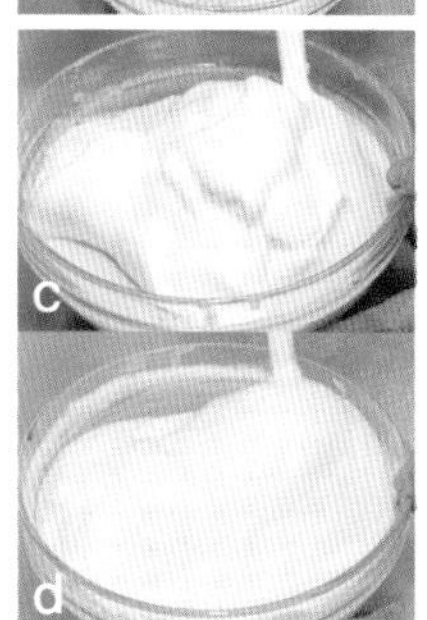

完成

[材料] 1人份

- 鬆餅（直徑12～13cm）…2片
- 奶油…適量
- 火腿…1片
- 葛瑞爾起司…適量
- 紅蛋…1個
- 鹽…適量
- 胡椒…適量

[作法]

1 在平底鍋中鋪入奶油，放入烤好的鬆餅，煎成焦黃色（e）。

2 將鬆餅1片翻面，在上面放上火腿、磨碎的葛瑞爾起司，另一片鬆餅的煎烤面朝下蓋在上面（f-1），盛入容器中。

3 用相同的平底鍋煎荷包蛋。打入紅蛋，加蓋，約煎烤2分鐘。使用鹽還有胡椒調味（f-2）。

4 在2的鬆餅上放上荷包蛋（g）。

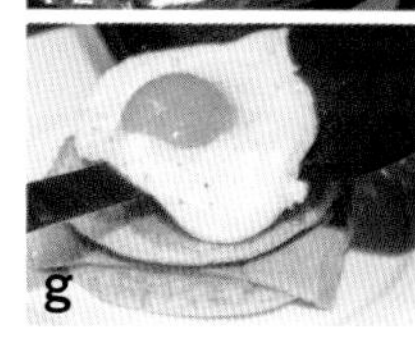

放上起司，
散發適度的芳香

鬆餅先生

用鬆餅夾住帕梅善醬汁為基材的起司白醬，火腿和葛瑞爾起司。疊在上面的那一片鬆餅表面，也放上磨碎的葛瑞爾起司，以烤麵包機適度烘烤。這道趁熱提供的餐點類鬆餅，和啤酒等酒精飲料非常對味。

鬆餅麵糊

鬆餅麵糊→和P.93同樣
煎烤成直徑12～13cm。

完成

［材料］1人份

鬆餅
（直徑12～13cm）…2片
火腿…1片
葛瑞爾起司…適量
起司白醬
…1大匙（和P.99相同）

［作法］

1 在1片鬆餅上塗上起司白醬（a），放上火腿、磨碎的葛瑞爾起司（b-1・2），另一片鬆餅上，只放上磨碎的葛瑞爾起司。
2 放入開放型烤箱中，靠近上火烤融起司（c）。
3 重疊2片鬆餅，盛入容器中。

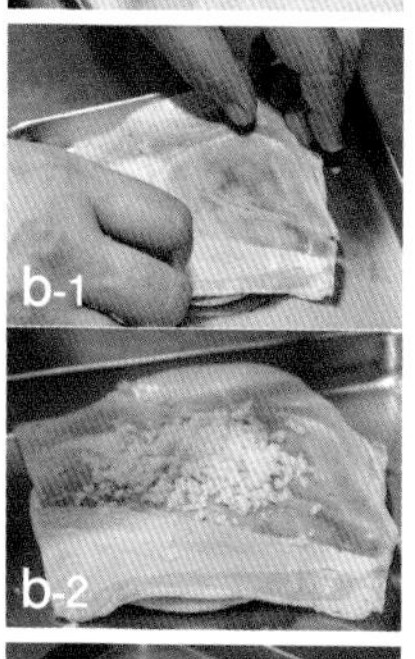

讓人想搭配白葡萄酒的鬆餅

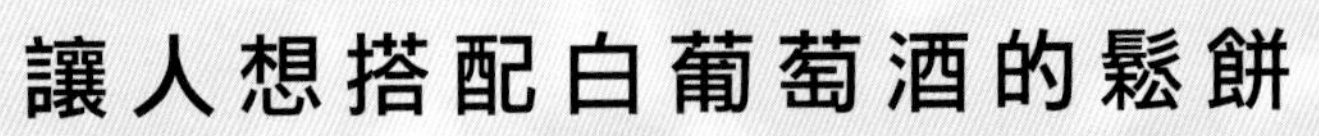

鬆餅和香煎牡蠣

這是用煮焦的奶油香煎的牡蠣作為主角的鬆餅料理。當作配菜的香草沙拉，以加入紅酒醋酸味的調味汁調味，並組合散發檸檬酸味的酸奶油，餐點設計意圖表現清爽風味。牡蠣濃厚的鮮味和風味，和無甜味的餐點類鬆餅非常合味。

鬆餅麵糊

鬆餅麵糊→和P.93同樣
煎烤成直徑12～13cm。

完成

[材料] 1人份

鬆餅（直徑12～13cm）…1片
生牡蠣…3個
奶油…適量
鹽…適量
胡椒…適量
香草沙拉
- 山蘿蔔…適量
- 義大利巴西里…適量
- 龍蒿…適量
- 細香蔥…適量
- 蒔蘿…適量
- 綠薄荷…適量

檸檬…1/6個
巴西里…1房
櫻桃番茄…2個

調味汁

[材料]

沙拉油、紅酒醋…4：1
鹽…適量
胡椒…適量

酸奶油

[材料]

鮮奶油…100ml
鹽…適量
胡椒…適量
檸檬汁…1/2個份

[作法]

1 在生牡蠣上放上鹽和胡椒。在平底鍋裡放入奶油，煮焦後放入生牡蠣。單面煎至上色後翻面，以小火加熱3～4分鐘（a）。
2 切成適度大小的香草沙拉，用所有材料混製成的調味汁調拌。
3 在容器中盛入鬆餅，上面放上1的牡蠣和2的沙拉（b）。
4 佐配所有材料混製成的酸奶油、檸檬、巴西里和櫻桃番茄。

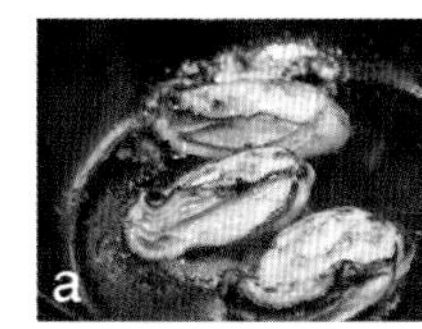
a

b

夾著起司奶油醬的鬆餅
蓋在肉醬下面

網烤鬆餅

在平底鍋裡煎烤鬆餅後，用網架在鬆餅表面烤出格子狀焦痕，以增添香味。用鬆餅夾住混合白醬、帕梅善起司、葛瑞爾起司等的起司白醬。在鬆餅表面淋上大量肉醬來呈現份量感。肉醬的豐腴口感魅力十足。

鬆餅麵糊

鬆餅麵糊→和P.93同樣
煎烤成直徑12cm。
淺煎好後，用網架將單面烤出格子狀焦痕（a）（b）。

a

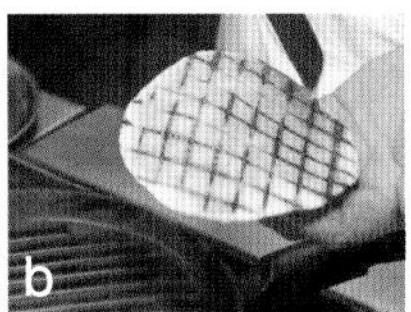
b

肉醬

[材料] 5人份
- 牛絞肉…500g
- 洋蔥…200g
- 胡蘿蔔…150g
- 芹菜…100g
- 大蒜…5瓣
- 奶油…適量
- 整顆番茄罐頭…500g
- 水…500g
- 濃縮肉汁…50g
- 鹽…適量
- 胡椒…適量

[作法]
1. 在鍋裡鋪入奶油，拌炒牛絞肉、切末洋蔥、胡蘿蔔、芹菜和大蒜。
2. 炒軟後加入整顆番茄罐頭、水和濃縮肉汁，用200℃的烤箱烤2小時。
3. 加鹽和胡椒調味。

白醬

[材料] 10人份
- 鮮奶…1000ml
- 檸檬皮…2片
- 月桂葉…1片
- 巴西里莖…2根
- 奶油麵糊…170g

[作法]
1. 在鍋裡放入鮮奶、檸檬皮、月桂葉和巴西里莖煮沸。
2. 加入奶油麵糊混合到變濃稠。
3. 用網篩過濾。

完成

[材料]
- 鬆餅（直徑12cm）…3片
- 起司白醬
  - 白醬…50g
  - 帕梅善起司…20g
  - 葛瑞爾起司…20g
  - 雞骨高湯粉…5g
  - 鹽…適量
  - 胡椒…適量
- 肉醬…4～5大匙
- 巴西里…適量
- 帕梅善起司…適量

[作法]
1. 製作起司白醬。在白醬中，加入磨碎的帕梅善起司、葛瑞爾起司、雞骨高湯塊混合，加鹽和胡椒調味。
2. 在鬆餅上塗上起司白醬，重疊另一片鬆餅。塗上剩餘的起司白醬，再疊上剩餘的鬆餅。
3. 盛入容器中，從上淋上肉醬，撒上切末的巴西里和磨碎的帕梅善起司（c）。

c

濃郁的奶油燉菜和綿軟、清爽的鬆餅

綠花椰菜鬆餅

佐奶油煮仔牛

散發綠花椰菜淡淡甜味、味道芳香的鬆餅，和濃郁的奶油煮仔牛十分對味。奶油煮菜中使用的菜料，燉煮時不加烤過的小洋蔥、包心菜芽等，而是最後再放上做裝飾。建議在撕碎的鬆餅上淋醬汁，或放上蔬菜一起食用。

鬆餅麵糊

［材料］1人份
（直徑6cm　1片份）
P.50的鬆餅麵糊…70g
綠花椰菜粉…8g

［作法］
1 在鬆餅麵糊中放入綠花椰菜粉混合（a）。
2 在中空圈模的內側塗上沙拉油（分量外）。在鋪了沙拉油的平底鍋裡放上中空圈模，裡面倒入1的麵糊加蓋，以小火煎烤6～7分鐘（b）。
3 拿掉中空圈模，翻面再煎烤6～7分鐘（c）。

a

b

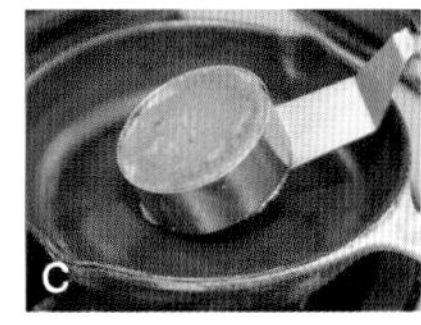
c

奶油煮仔牛

［材料］1人份
仔牛腿肉…60g
鹽…適量
胡椒…適量
低筋麵粉…適量
沙拉油…適量
洋蔥…1/6個
蘑菇…1個
白葡萄酒…30ml
鮮奶油…150ml

［作法］
1 仔牛腿肉切薄片，撒鹽和胡椒，沾上麵粉。
2 在平底鍋中鋪入沙拉油，煎烤1。
3 放入切末洋蔥、切半的蘑菇、白葡萄酒和鮮奶油稍微燉煮。

完成

［材料］1人份
鬆餅…1片
奶油煮仔牛…160g
菊薯（Smallanthus sonchifolius）…20g
胡蘿蔔…30g
小甘藍菜…1個
小洋蔥…1/2個
馬鈴薯…1/4個
包心菜芽…1/2個

［作法］
1 在平底鍋裡放入用鹽水汆燙過的菊薯、胡蘿蔔、馬鈴薯、小甘藍菜、小洋蔥和包心菜芽，煎至有焦色。
2 在容器中倒入加熱的奶油煮仔牛，盛入1的蔬菜。
3 放上鬆餅。

香料鬆餅突顯新鮮蔬菜的美味

庭園風味的蔬菜鬆餅

這是能吃到大量蔬菜的前菜料理。在鬆餅中加入南瓜、胡蘿蔔、番茄風味粉、咖哩粉和薑黃，呈現咖哩風味。上面裝飾上以美乃滋簡單調味的馬鈴薯泥、8種蔬菜和香草。碎蔬菜乾成為這道料理的重點特色。

鬆餅麵糊

[材料] 1人份
（直徑10cm 1片份）
P.50的鬆餅麵糊…100g
咖哩粉…10g
薑黃…10g
南瓜粉…8g
胡蘿蔔粉…8g
番茄粉…6g

[作法]
1 在鬆餅麵糊中放入咖哩粉、薑黃、南瓜粉、胡蘿蔔粉和番茄粉混合。
2 在鋪了沙拉油（分量外）的平底鍋中，倒入1的麵糊加蓋，以小火煎烤6～7分鐘。
3 翻面再煎烤6～7分鐘。

完成

[材料] 1人份
鬆餅…1片
馬鈴薯泥
- 馬鈴薯…1個
- 美乃滋…25g

生火腿…2片
迷迭香…1枝
紅葉萵苣…適量
菊苣…適量
紅苦苣…適量
甜菜…適量
紅心蘿蔔…適量
油菜花…1根
胡蘿蔔…適量
碎蔬菜乾（紫薯、四季豆、牛蒡、甘薯、胡蘿蔔）…適量
起司粉…適量
粉紅胡椒…適量
橄欖油…適量

[作法]
1 在碾碎的馬鈴薯中加入美乃滋成為馬鈴薯泥，放在鬆餅上。
2 上面豎放上生火腿、迷迭香、紅葉萵苣、菊苣、紅苦苣、切片甜菜和紅心蘿蔔。其間撒上切細絲的胡蘿蔔，再散放上碎蔬菜乾（a）。
3 撒上起司粉、粉紅胡椒，周圍淋上橄欖油。放上油菜花作為裝飾，即完成。

a

鬆餅也能散發蔬菜風味

酪梨醬、蔬菜棒、南瓜胡蘿蔔鬆餅和黑芝麻鬆餅

Les Sens 主廚 渡邊健善

這道鬆餅中使用能表現蔬菜風味的蔬菜粉。具有南瓜和胡蘿蔔的甜味與鮮豔橘色的鬆餅，外觀也呈現美麗色彩。另外，料理中還一併提供與濃厚的酪梨美味不相上下的黑芝麻鬆餅。最後將蔬菜醬與蔬菜鬆餅組合成一盤。

鬆餅麵糊

［材料］1人份
（直徑10cm 各1片份）

南瓜胡蘿蔔麵糊
- P.50的鬆餅麵糊…100g
- 南瓜粉…10g
- 胡蘿蔔粉…10g

黑芝麻麵糊
- P.50的鬆餅麵糊…100g
- 黑芝麻…20g

沙拉油…適量

［作法］
1. 製作南瓜和胡蘿蔔的麵糊。在鬆餅麵糊中放入南瓜粉和胡蘿蔔粉，混合。
2. 製作黑芝麻麵糊。在鬆餅麵糊中放入黑芝麻混合。
3. 在鋪了沙拉油的平底鍋中，倒入各別的麵糊，加蓋以小火煎烤6～7分鐘。
4. 翻面再煎烤6～7分鐘。

酪梨調味醬

［材料］1人份
- 酪梨…1個
- 大蒜油…20ml
- 橄欖油…80ml
- 鹽…適量
- 胡椒…適量

［作法］
1. 酪梨打成泥狀，和大蒜油混合。
2. 用橄欖油融合，加鹽和胡椒調味。

完成

［材料］1人份
- 南瓜胡蘿蔔鬆餅…1片
- 黑芝麻鬆餅…1片
- 胡蘿蔔…1/4根
- 小黃瓜…1/2根
- 白蘿蔔…60g
- 白蘆筍…3根
- 菊苣…3片
- 蒲公英…3枝
- 紅葉萵苣…2片
- 酪梨調味醬…160g

［作法］
1. 南瓜胡蘿蔔鬆餅和黑芝麻鬆餅，分別切成2～3cm寬（a）。
2. 胡蘿蔔、小黃瓜、白蘿蔔切粗條，白蘆筍汆燙好。
3. 將1、2、菊苣、蒲公英和紅葉萵苣均衡地插在已鋪入酪梨調味醬的容器中（b），酪梨醬亦可以其他容器隨附。

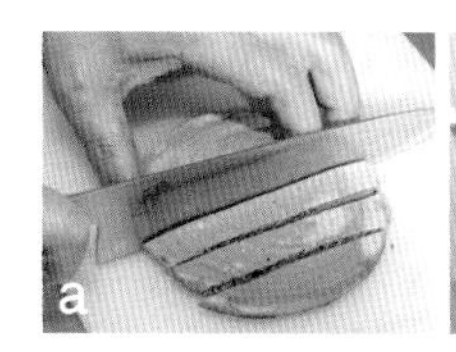
a

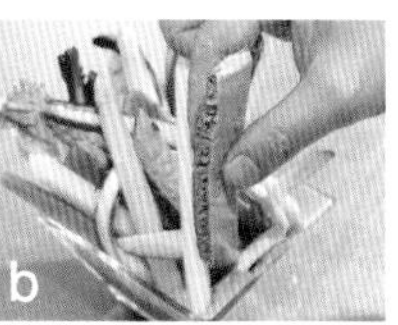
b

以一口大小的鬆餅製成前菜

番茄鬆餅

佐配莫札瑞拉起司泡沫　淋羅勒醬汁

這是番茄和莫札瑞拉起司這個經典組合的變化版料理。在雞尾酒杯中，放入煎烤成一口大小的番茄風味鬆餅，再注入以發泡機泡製作的莫札瑞拉泡沫。泡沫下還放入櫻桃番茄和櫻桃莫札瑞拉起司，一個玻璃杯中表現出多樣化的對比口感。

鬆餅麵糊

[材料] 1人份
（直徑3～4cm　4片份）
P.50的鬆餅麵糊…100g
番茄粉…10g
沙拉油…適量

[作法]
1 在鬆餅麵糊中放入番茄粉混合。
2 在鋪了沙拉油的平底在鍋裡，用茶匙舀入麵糊，加蓋，以小火煎烤2～3分鐘。
3 翻面再煎烤2～3分鐘。

莫札瑞拉起司泡沫

[材料] 1人份
莫札瑞拉起司…100g
鮮奶…100g
鹽…少量

[作法]
將莫札瑞拉起司、鮮奶和鹽放入發泡機中發泡。

完成

[材料] 1人份
鬆餅…4片
櫻桃番茄…3個
櫻桃莫札瑞拉…3個
莫札瑞拉起司泡沫…適量
羅勒油…適量
橄欖油…適量

[作法]
1 在容器中放入鬆餅、櫻桃番茄、櫻桃莫札瑞拉，從上注入莫札瑞拉起司泡沫（a・b）。
2 再放上鬆餅、櫻桃番茄，周圍淋上羅勒油和橄欖油。

a

b

捲成長條或包入餡料，能享受不同的吃法

薄煎餅（Palatschinken）

這是在奧地利、德國和匈牙利等地常見，煎烤成稍厚的可麗餅風格的鬆餅。濕潤的鬆餅除了可以捲包餡料，當作前菜享用外，還可以淋上白醬，製作成焗烤料理。也可以和鮮奶油、果醬等組合成甜點，或切細當作湯品的菜料，有各式各樣的吃法。

鬆餅麵糊

［材料］10片份

全蛋…1個
鹽…少量
鮮奶…200ml
麵粉…100g
沙拉油…50g

［作法］

1 依序加入蛋、鹽、鮮奶和麵粉混合。混勻至某程度後，加入沙拉油，整體混合至稍微殘留粉末的程度（a）。

2 加熱平底鍋備用，在整體薄鋪上沙拉油（分量外）。倒入稍厚的麵糊（b），以小火慢慢煎烤。中央稍微上色後翻面（c），煎烤另一面。煎到表面膨起後，再次翻面煎烤反面，煎至有烤色後取出（d）。

a

b

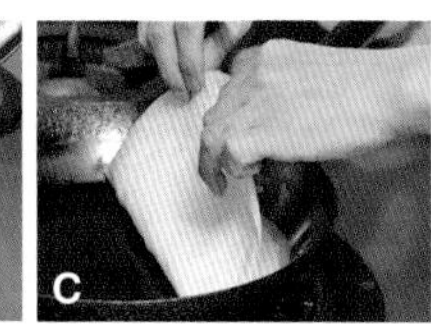
c

d

完成

［材料］

鬆餅…1片
白蘆筍…2根
生火腿…2片
起司調味醬（Liptauer；起司為底料的抹醬）…適量
番茄…1/2個
彩色甜椒…適量
芝麻菜…適量
黑胡椒…少量
荷蘭醬…適量
起司粉…適量

［作法］

1 煎好的鬆餅稍微放置一下，讓鬆餅變穩定後，放上白蘆筍、生火腿捲包起來（e-1・2）。

2 盛盤，配上起司調味醬、番茄、彩色甜椒和芝麻菜。撒上黑胡椒、荷蘭醬和起司粉後提供（f）。

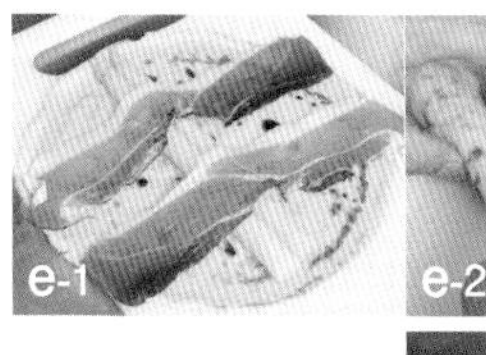
e-1

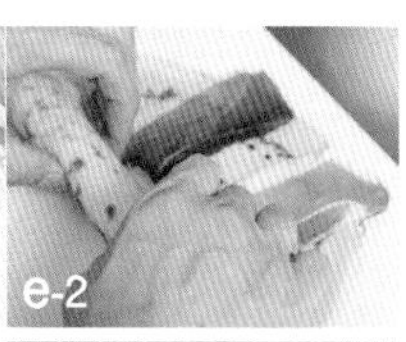
e-2

f

在德國、瑞士是
廣受歡迎的庶民芳香美味

德式馬鈴薯鬆餅

這是在德國、瑞士等廣大地區被食用，馬鈴薯為底料製作的鬆餅。馬鈴薯有的磨碎，有的切末，加入洋蔥等材料後，以大量油煎烤。煎到表面香脆、裡面口感柔軟後，用鹽和胡椒簡單調味，在移動攤販等處販售。店裡供應時，佐配上鮭魚、蘋果果醬等即成為豪華餐點。

鬆餅麵糊

[材料] 12片份

馬鈴薯…2～3個
全蛋…1/2個份
洋蔥…1/4個
麵粉…1大匙左右
鹽…少量
胡椒…少量
肉荳蔻粉…少量
沙拉油…適量

[作法]

1 馬鈴薯去皮，有些磨碎，有些用手持式攪拌機攪碎，放入鋼盆中（a）。
2 在1中放入蛋汁、切末洋蔥、麵粉、鹽、胡椒和肉荳蔻粉，用木匙混合。傾斜鋼盆若有積存的透明湯汁，補充麵粉後混合（b）。
3 加熱平底鍋，加入大量沙拉油。在中空圈模（直徑5～6cm）中填入2，一面不時搖晃平底鍋以免焦底，一面以小火慢慢煎烤（c）。
4 煎至烤色變深後，翻面再煎另一面。有烤色後拿掉中空圈模，一面勤於翻面，一面充分加熱（d）。
5 表面煎至焦脆後，瀝掉多餘的油，盛盤。

a

b

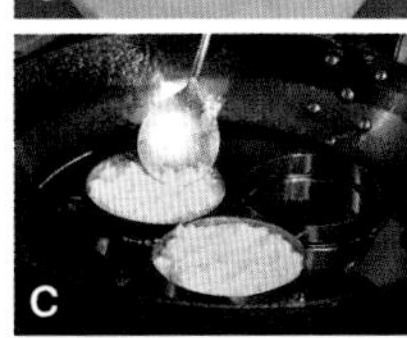
c

d

完成

[材料] 1人份

鬆餅…3片
粗鹽…適量
蘋果果醬…適量
奶油起司
黃芥末醬
（加水果汁的酸甜口味）…適量
紅葉萵苣…適量
燻鮭魚…適量
巴薩米克調味汁…適量
酸豆…適量
蒔蘿…適量

[作法]

在鬆餅上撒上粗鹽，佐配蘋果果醬、奶油起司和黃芥末醬。放上紅葉萵苣、燻鮭魚，淋上調味汁。再裝飾上酸豆和蒔蘿。

維也納早餐的人氣鬆餅

皇家煎餅佐配沙拉

這是將甜點風格的人氣「皇家煎餅」（P.52）麵糊，減少砂糖量，以鹽和胡椒調味，變化成適合當作餐點的料理。組合大量蔬菜類和起司，就成為份量感十足豐盛的一盤。減少砂糖較不易膨脹，也不易煎出焦色。在維也納它是人氣早餐之一，可視個人喜好，變化配菜或調味來享用。

鬆餅麵糊

[材料] 1人份

全蛋…2個
白砂糖…15g
鮮奶…65ml
低筋麵粉…65g
義式香腸…20g
鹽…少量
胡椒…少量
奶油（無鹽）…適量

[作法]

1 將蛋的蛋白和蛋黃分開。
2 打發蛋白，製作蛋白霜。打發至尖端能豎立後，加入白砂糖，再打發至尖端硬挺豎立（攪打至八分發泡）（a）。
3 在蛋黃中加鮮奶打散。加入低筋麵粉、鹽和胡椒充分混勻。
4 在3中加入2，用打蛋器大幅翻拌混合（b-1）。混合到殘留蛋白霜的程度即可。加入切細的香腸大致混合（b-2）。
5 徹底加熱平底鍋備用，放入奶油讓它融化。倒入4以小火慢慢煎烤。
6 若5的麵糊下方充分煎至上色後，用叉子弄碎整體，以小火拌炒（c-1・2）。為避免不熟，充分煎炒直到熟透。

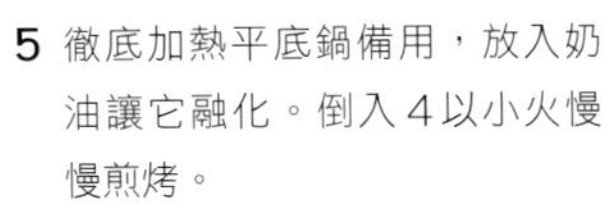

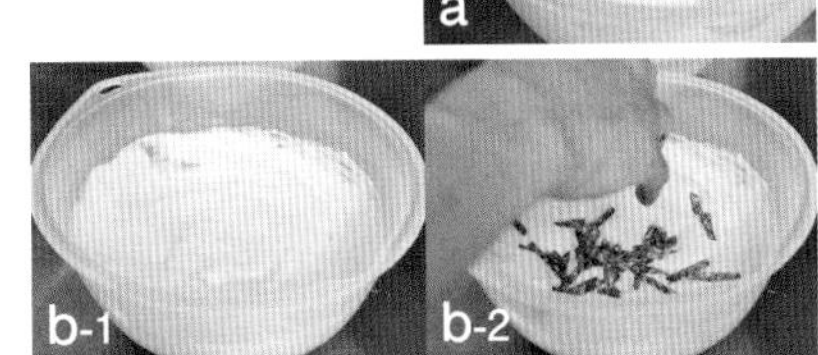

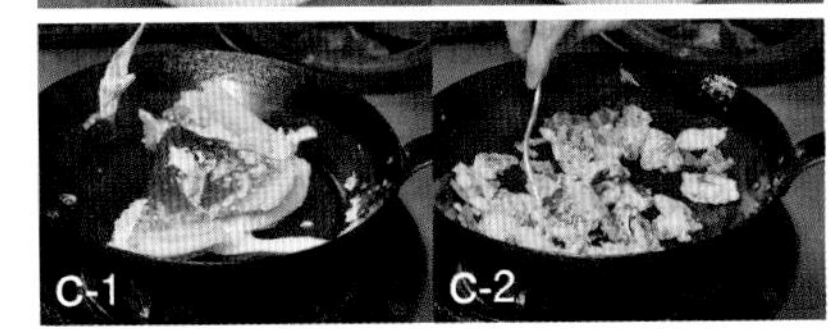

完成

[材料] 1人份

葉菜…適量
四季豆…適量
巴薩米克調味汁…適量
瑪利波（Maribo）起司…適量
乾燥香草（馬鬱蘭、羅勒、迷迭香）…適量
調味汁…適量

[作法]

在盤中鋪入葉菜，上面放上鬆餅。佐配煮熟並以調味汁拌勻的四季豆、瑪利波起司。撒上乾燥香草，整體淋上調味汁。

即使涼的也很美味的豪華版樸素鬆餅

三明治風味
烤牛肉鬆餅

這是用四方平底鍋略煎的鬆餅，製成三明治風格的料理。夾入的菜料以自製烤牛肉為主，還有新鮮蔬菜。只簡單使用奶油、美乃滋和黃芥末醬來調味，以突顯烤牛肉。為了襯托菜料，鬆餅使用所需最少的調味麵糊來製作。

鬆餅麵糊

［材料］2人份
（直徑15cm×13cm 8片份）

- 低筋麵粉…200g
- 全蛋…2個
- 鮮奶…200g
- 鹽…2g
- 菜籽油…適量

［作法］

1. 在鋼盆中放入篩過的低筋麵粉、鮮奶和鹽混合，接著放入全蛋，混合到無粉粒為止（a）。
2. 蓋上保鮮膜，在常溫下鬆弛1小時讓麵糊融合。
3. 在四方平底鍋裡加熱菜籽油，薄薄地倒入2的麵糊，加蓋，以小火約加熱5分鐘。麵糊邊緣乾燥後，從鍋上鏟起翻面。
4. 不加蓋，加熱3分鐘讓它乾燥。

完成

［材料］2人份

- 鬆餅…4片
- 奶油…適量
- 自製美乃滋…適量
- 第戎芥末醬…適量
- 烤牛肉…100g
- 番茄…1/2個
- 小黃瓜…1根
- 萵苣…約4片
- 洋蔥…4g
- 柳橙…適量
- 醃漬白蘿蔔…適量

［作法］

1. 在鬆餅上，塗上奶油、自製美乃滋和第戎芥末醬，再疊上烤牛肉、切片番茄、小黃瓜、萵苣和洋蔥，蓋上鬆餅夾住（b-1・2・3）。這樣共製作2份（c）。
2. 重疊1的2個三明治，呈十字切開盛入容器中（d）。再加上切蝴蝶狀的柳橙、切花的醃漬白蘿蔔。

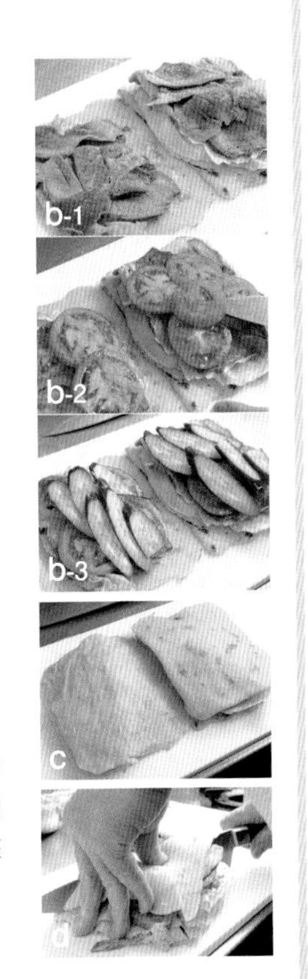

新鮮水果和沙拉融為一體！

沙拉風味 鬆餅三明治

這是在鬆餅麵糊中放入葡萄柚、不知火柑橘、酪梨和迷你番茄煎烤而成。最後佐配蔬菜和生火腿，外觀給人華麗的印象。而且，生火腿的鹹味也成為重點風味。和鬆餅一起煎烤的配料，適合使用鳳梨、香蕉等加熱後會產生甜味的水果。

鬆餅麵糊

[材料] 1人份
（直徑25cm 1片份）
- P.115的鬆餅麵糊…150g
- 菜籽油…適量
- 葡萄柚…4～5瓣
- 不知火柑橘…4～5瓣
- 酪梨…1/2個
- 迷你番茄…2個

[作法]
1 在平底鍋中倒入菜籽油加熱，倒入鬆餅麵糊。上面均衡排放上去薄皮的葡萄柚、不知火柑橘和切片酪梨（a）。中央放上切半的迷你番茄，加蓋以小火約加熱5分鐘（b-1・2）。
2 煎至表面噗滋冒泡，表面乾了之後盛入容器中。

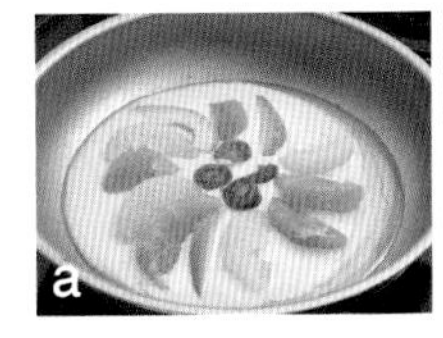

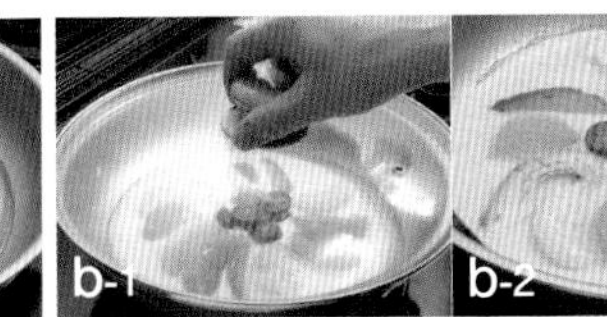

完成

[材料]
- 鬆餅…1片
- 水菜…適量
- 綠萵苣…適量
- 迷你番茄…2個
- 生火腿…30g
- 小黃瓜（切花）…2個
- 檸檬…適量
- 萊姆…適量

[作法]
1 鬆餅上面放上切過的水菜、綠萵苣。在中央散放上生火腿，放上切成1/4的迷你番茄（C-1・2）。
2 放上小黃瓜、切蝴蝶狀的檸檬和萊姆（d）。

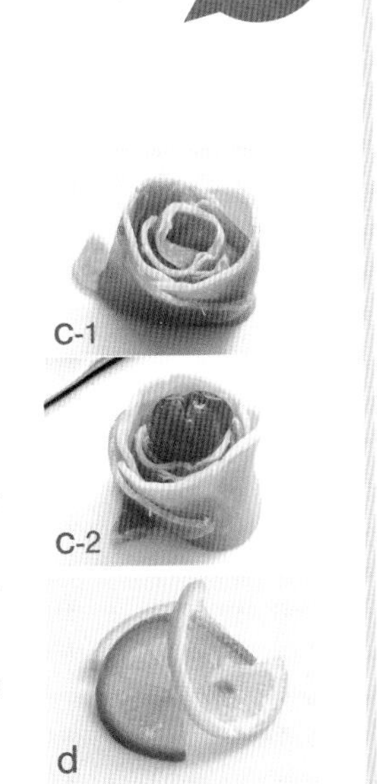

放上炒過的菜料和鮪魚沙拉的黏稠鬆餅

馬鈴薯泥鬆餅

鬆餅中加入麵糊重量10%的磨碎馬鈴薯，以呈現黏稠口感。用大蒜、鹽和胡椒，簡單拌炒鴻禧菇、杏鮑菇、金針菇這三種蘑菇及培根，和鮪魚美乃滋一起放在鬆餅上。享用鬆餅時，可搭配脆韌口感的蘑菇與鹹味鮪魚美乃滋。

鬆餅麵糊

[材料] 1人份
（直徑25cm 1片份）
P.115的鬆餅麵糊…140g
馬鈴薯…麵糊全量的10%
菜籽油…適量

[作法]
1 馬鈴薯去皮，用磨泥器磨成泥。
2 在鬆餅麵糊中加入1混合（a）。
3 在平底鍋裡放入菜籽油加熱，倒入2的麵糊加蓋，以小火約加熱5分鐘。麵糊邊緣乾燥後，從鍋邊鏟起後翻面。
4 翻面後不加蓋，加熱3分鐘以便讓它乾燥（b）。

a

b

完成

[材料] 1人份
鬆餅…1片
培根蘑菇
- 橄欖油…適量
- 大蒜…1瓣
- 培根…50g
- 鴻禧菇…20g
- 金針菇…30g
- 杏鮑菇…30g
- 辣椒（切小截）…適量
- 鹽…適量
- 胡椒…適量

鮪魚美乃滋
- 鮪魚罐頭…1/2個
- 自製美乃滋…2大匙

檸檬…適量
胡蘿蔔（切葉形）
乾巴西里…適量

[作法]
1 製作培根蘑菇。在鍋裡鋪入橄欖油，放入切末的大蒜，散出香味後，加入切短條的培根、切成適當大小的鴻禧菇、金針菇和杏鮑菇，拌炒變軟（c）。
2 加入辣椒拌炒一下，加鹽和胡椒調味。
3 製作鮪魚美乃滋。在碾碎的鮪魚中，加入自製美乃滋，混合到變細滑為止。
4 在容器中盛入鬆餅，在4個角落放上3的鮪魚美乃滋，上面裝飾上切片檸檬。鬆餅呈十字切成4等份。
5 在中央盛上培根蘑菇，裝飾上切葉形的胡蘿蔔和乾巴西里（d）。

c

d

TITLE

有甜又有鹹！名店主廚的鬆餅料理

STAFF

出版　瑞昇文化事業股份有限公司
編著　旭屋出版編集部
譯者　沙子芳

總編輯　郭湘齡
責任編輯　黃思婷
文字編輯　黃美玉　莊薇熙
美術編輯　謝彥如
排版　二次方數位設計
製版　明宏彩色照相製版股份有限公司
印刷　皇甫彩色印刷股份有限公司
法律顧問　經兆國際法律事務所　黃沛聲律師

戶名　瑞昇文化事業股份有限公司
劃撥帳號　19598343
地址　新北市中和區景平路464巷2弄1-4號
電話　(02)2945-3191
傳真　(02)2945-3190
網址　www.rising-books.com.tw
Mail　resing@ms34.hinet.net

初版日期　2016年6月
定價　400元

國家圖書館出版品預行編目資料

有甜又有鹹!名店主廚的鬆餅料理 / 旭屋出版編集部編著；沙子芳譯. -- 初版. -- 新北市：瑞昇文化, 2016.07
120　面；21 x 29　公分
ISBN 978-986-401-096-7(平裝)

1.點心食譜

427.16　　105007243